江西理工大学清江学术文库

黑钨矿浮选中金属离子及 BHA 的作用机理

黄海威　著

北　京

冶 金 工 业 出 版 社

2020

内 容 提 要

本书共7章，在介绍黑钨矿矿物学性质及选矿现状等的基础上，详细论述了黑钨矿晶体结构与表面解离特性、黑钨矿晶体表面与离子吸附的机理、黑钨矿晶体表面与BHA分子吸附的作用机理等，并介绍了广西桂平珊瑚钨矿的选别试验等。本书理论联系实际，深入浅出地介绍了目前较为典型的黑钨矿浮选现代研究方法与思路，对相关领域的研究具有指导意义和借鉴意义。

本书可作为高等院校矿物加工工程专业的教学参考书，也可供黑钨矿浮选领域的科研人员、生产人员等阅读。

图书在版编目(CIP)数据

黑钨矿浮选中金属离子及 BHA 的作用机理/黄海威著. —北京：冶金工业出版社，2020. 10
ISBN 978-7-5024-8631-0

Ⅰ.①黑… Ⅱ.①黄… Ⅲ.①黑钨矿—浮选药剂—研究
Ⅳ.①TD951

中国版本图书馆 CIP 数据核字（2020）第 201107 号

出 版 人　苏长永
地　　址　北京市东城区嵩祝院北巷 39 号　邮编　100009　电话　(010)64027926
网　　址　www.cnmip.com.cn　电子信箱　yjcbs@cnmip.com.cn
责任编辑　王梦梦　美术编辑　郑小利　版式设计　禹　蕊
责任校对　郭惠兰　责任印制　禹　蕊
ISBN 978-7-5024-8631-0
冶金工业出版社出版发行；各地新华书店经销；三河市双峰印刷装订有限公司印刷
2020 年 10 月第 1 版，2020 年 10 月第 1 次印刷
169mm×239mm；9.5 印张；184 千字；143 页
66.00 元
冶金工业出版社　投稿电话　(010)64027932　投稿信箱　tougao@cnmip.com.cn
冶金工业出版社营销中心　电话　(010)64044283　传真　(010)64027893
冶金工业出版社天猫旗舰店　yjgycbs.tmall.com
（本书如有印装质量问题，本社营销中心负责退换）

前　　言

钨是一种具有独特物理化学性质的稀有金属，是各工业发达国家常年保持一定储量并逐步加大储备的战略资源。我国钨资源虽然在储产量、贸易量、消费量均居世界前列，但在全球钨产业价值链中仍处于中低端。国家《国民经济和社会发展第十三个五年规划纲要》明确提出要"提高矿产资源开采回采率、选矿回收率和综合利用率"。我国钨工业也正处在资源节约集约循环重大工程战略转型的重要时期，因此《全国矿产资源规划（2016—2020 年)》将钨矿开采总量列为约束性指标，这给钨工业发展特别是给钨的选矿行业发展带来了巨大挑战，与此同时促进钨选矿技术的进步、提高钨选矿回收率和综合利用率更加紧迫。

我国由于早期对黑钨矿资源的开采力度较大，导致黑钨资源储量消耗过快，面临黑钨资源枯竭的危机。并且，由于钨是一种战略资源，特别是在军事领域具有重要意义，近年来国家已在钨矿的开采总量控制方面采取措施，对现有钨矿的开采部分实行了限制，着重加强了钨资源的二次回收力度。这意味着诸如选钨尾矿这类二次资源的再回收利用具有很高的研究价值，钨尾矿理所当然地被列为钨资源再回收的重点。

黑钨矿浮选体系中常用到 BHA 作为捕收剂，还需用到硝酸铅作为活化剂。由于铅是一种危害较大的重金属污染物，在黑钨矿选别生产过程中不断添加铅离子，尾矿中将不可避免的含有大量的铅离子，其在尾矿库堆存中或在尾矿水的排放中不断积累并渗透至土壤或水源中势必引起环境问题。从根本上解决这个问题的办法是在矿物选别阶段不使用 Pb^{2+} 或者寻找其他无毒替代物。最近的研究成果显示可以采用

Fe^{3+}替代Pb^{2+}作为BHA浮选锡石的活化剂，说明使用其他无毒金属离子替代物作为活化剂在实践上是可行的。当前亟待从本质上深入认识金属离子在浮选体系中发挥选择性活化的作用机制，这将为寻找无毒替代活化剂指明方向，对防治钨矿山水、固废物危害具有重大意义，符合绿色矿山的发展态势。

本书不仅详细论述了多种金属离子在BHA浮选黑钨矿体系中的作用机制，解释了铅离子不同于其他金属离子的特殊活化作用，还通过广西桂平珊瑚钨矿的选别实例结果予以论证，理论联系实际。希望本书能够抛砖引玉，不妥之处，敬请读者不吝赐教，是为至盼。

最后，本书在江西理工大学的大力资助下出版，作者在此表示由衷的感谢。

作　者

2020 年 7 月

目　　录

1 黑钨矿选矿概述

1.1 黑钨矿的矿物学性质

1.1.1 黑钨矿的矿物组成及晶体结构

自然界中的黑钨矿（Fe，Mn）WO_4是一种连续固溶体，介于钨铁矿 $FeWO_4$ 和钨锰矿 $MnWO_4$ 两种组分之间[1,2]。自然界中，当黑钨矿中 $MnWO_4$ 含量小于 20% 时被归为钨铁矿，大于 80% 时为钨锰矿，其余则统称为黑钨矿或钨锰铁矿[1,3]。黑钨矿的硬度为 4~5.5，性脆。密度随铁的含量增高而增加，钨铁矿的密度一般为 $7.079~7.60g/cm^3$，钨锰矿的密度为 $6.7~7.3g/cm^3$，含铁量高时具有弱磁性[4]。黑钨矿属单斜晶系，点群为 C_{2h}^4，空间群为 P2/C，其晶胞参数随铁锰组分差异而略显变化：由钨铁矿 $FeWO_4$ 到钨锰矿 $MnWO_4$，$a_0 = 4.71~4.85Å（0.471~0.485nm）$，$b_0 = 5.70~5.77Å$，$c_0 = 4.94~4.98Å$，$β = 90°~90.53°$[3,5,6]。黑钨矿中存在两种配位，即 Mn^{2+} 和 Fe^{2+}，它们与周围相邻的 6 个 O^{2-} 原子构成畸变八面体 $[(Mn，Fe)O_6]$，Mn/Fe 位于八面体中心，以共棱方式沿 C 轴呈锯齿链状排列，WO_6 畸变八面体以 4 个顶角与（Mn，Fe）O_6 联结，也沿 C 轴方向呈链状彼此交错排列，整个晶体结构是一个平行于 C 轴的链状或平行于等效晶面 {100} 的近似层状结构[7,8]，因而常呈平行 {100} 厚板状或短柱状晶体[9]。

1.1.2 黑钨矿解理面特性

结合黑钨矿晶体结构特点，黑钨矿的矿物学分析表明[4,10,11]，黑钨矿晶体具有完全解理面（010），常沿（100）呈厚板状或短柱状（有时呈针状或毛发状等），暴露出（100）与（001）。

有研究人员[12]从黑钨矿晶体结构分析了不同解理方向单位投影面积的断键数，发现不同解理面上的断键数的不同会导致润湿性的各向差异，在（001）、（010）两个晶面中，（001）面吸附捕收剂的能力最强，（010）次之，对应单位面积断键数从大到小，并通过测试接触角予以证实。李云龙等人[11]通过对黑钨矿（001）、（010）、（100）3 个晶面的断键数进行计算也得出了类似的结论，得出润湿性（001）>（010）>（100），并进一步从晶体场理论的角度证明钨铁矿和钨锰矿上述 3 个面在油酸钠溶液体系下也显示出润湿性的差异，主要是由于含 Fe^{2+} 的配位体存在晶体场稳定化能，而含 Mn^{2+} 的配位体不存在晶体场稳定化能，导致含铁高的铁钨矿在油酸钠做捕收剂的浮选体系下疏水性高于含锰高的钨锰矿。杨久流[13]还利用这一理论解释了 FD 絮凝剂在黑钨矿表面的吸附机理。

1.2　黑钨矿选矿的研究现状

自 20 世纪 50 年代起，已有对黑钨矿选矿研究的相关报道[14,15]。从最初的单一重选流程到现在的磁选、重选、浮选联合流程，黑钨矿选矿在工艺方面有了显著的进步。这一系列的进步除了与选矿设备的改进有关，还有一个重要的原因是随着黑钨矿不断开采，黑钨矿资源特征趋向于"贫、细、杂"。现有的选矿工艺受矿石粒级的影响程度大，黑钨矿的选矿工艺根据所处理的矿石粒度一般分为粗粒级黑钨选矿和黑钨细泥（-0.074mm）选矿[16,17]。因此，我国黑钨矿重选的原则流程一般是：多段磨矿，多段分级脱泥，多段重选精选获得精矿产品，矿泥再集中处理获得次级精矿产品[18]。

1.2.1　粗粒级黑钨矿的选矿

由于黑钨矿密度大，重选是粗粒级黑钨矿最主要的选别方法。同时重选具有成本低，对环境友好的优点[18]。常用的重选设备包括跳汰机、螺旋溜槽（选矿机）、摇床等[16,19]。根据原矿性质的差异以及不同设备的选别效果，黑钨矿的重选是单一设备或多种选矿设备的联用。由于跳汰机具有选别粒度大、耗水量小、处理量大等优点，在粗、中粒级的黑钨矿重选中较为常见，如荡坪钨矿[20]和大吉山钨矿[21]黑钨矿选矿工艺中的相关报道。螺旋溜槽（选矿机）与跳汰机相比，结构简单，无需传动部件，维护更为方便，但选别粒度较小，适用于处理中、细粒级的矿石，其选别粒级下限一般为 30μm。熊新兴等人[22]曾报道了用螺旋溜槽代替摇床对江西某贫细杂钨、钽、铌、铍矿石进行实验室选矿试验，获得较好的选别指标。摇床对黑钨矿的选别优势主要在于选别富集比高，并可获得多个产品，便于生产调试和观察，可用于粒级较细的黑钨矿的选别，而缺点则是需要传动部件，处理量偏低，占地面积较大[19,23,24]。根据这些选矿设备的特点，常见的工艺流程有单一跳汰、单一摇床、螺旋溜槽-摇床等，螺旋溜槽、跳汰机多见于黑钨粗选，摇床用于精选。

1.2.2　黑钨细泥的选矿

据文献资料显示，在黑钨矿选矿中习惯把粒级在-0.074mm 的黑钨矿归为黑钨细泥[25~27]，这些细泥包括两部分，即矿山出窿矿石洗矿后的溢流，称之为"原生细泥"，以及破碎磨矿作业所产生的粉矿分级后的溢流，称为"次生细泥"[28]。由于在开采、运输、粉碎作业过程中几乎无法避免细泥的产生，而一般选厂矿泥中钨的损失率高达 20%[26,28]，因此无论从矿山经济成本还是从资源合理开发利用的角度，黑钨细泥回收都是必须考虑的。早在 20 世纪 50 年代以前，黑钨细泥基本不回收而直接作为尾矿进入尾矿库堆存。随着选矿工艺和选矿设备的不断发展和更新，同时黑钨矿资源的过度开采也威胁到资源的可持续发展，这些细泥资源又重新进入人们的视野，逐渐被列为可回收对象。

黑钨细泥从最初的绒毯回收到细泥摇床回收，发展至今的离心机、强磁选机和浮选回收[15,29]，回收率也从 20%~30% 提升至 50%~60%[27,29]，甚至可达 70%[15]。黄万抚等人[17]将目前较为成熟的钨细泥传统选别工艺归纳为以下 4 种：全摇床流程、分级-摇床-离心选矿机流程、湿式强磁-浮选流程以及脱硫-离心选矿机-浮选-（磁选）流程。前两种工艺对粒级偏粗的细泥回收效果较好，钨回收率在 32%~60%[30~33]；后两种工艺对 37μm 以下的细泥回收效果显著高于前两种，钨回收率在 54%~73%[34,35]。由此可以看出离心机、磁选、浮选联合流程对黑钨细泥的选别具有较高的研究价值，已逐渐成为主流研究方向。其中黑钨细泥的浮选回收率要高于其余两者[29]，但浮选效果受矿石表面性质影响较大，而现今入选钨矿多为黑白钨的混合矿，含脉石矿物的种类繁杂，因此目前除全浮流程外[36,37]，磁-重[32,38,39]、重-浮-重[40~42]、磁-浮-重[43,44]等联合选别流程也较为常见。

黑钨细泥的选矿工艺发展至今进入了一个瓶颈时期。这主要是由于原矿矿石粒度下限不断降低给选别带来了极大的难度。常规的选矿设备，例如，摇床可回收下限粒度为 30μm[23]，离心机对 10μm 粒级以下的黑钨矿回收率仅为 30% 左右[29]，湿式强磁选机对 10μm 以上的粒级回收率一般为 54%~65%，对回收率 10μm 以下粒级回收率不超过 30%[25]。而钨细泥 10μm 以下粒级中金属占有率一般在 10% 左右，高的时候甚至可达 20%~25%，37μm 以下粒级总金属占有率常常能达到一半左右。对微细粒级黑钨矿的回收率低，导致钨总回收率的下降。据文献报道[17,45]，国内钨细泥中钨的平均回收率不到 45%，占钨总损失率的 40%~50%。研究回收微细粒级黑钨矿的选矿方法成为解决黑钨矿资源回收利用的重要途径。

1.2.3 微细粒级黑钨矿的选别现状

微细粒级黑钨矿的选矿一直是矿物加工领域难以解决的热门课题之一。鉴于单一磁选或重选对 30μm 以下粒级的选别效果较差，科研工作者在此课题的研究主要集中于浮选方面，也获得了不少研究成果，但这些成果离实际工业生产广泛运用还存在一段距离。

造成微细粒级黑钨矿浮选难以回收的主要原因是随着矿物颗粒的粒径减小，比表面积显著增大，表面能增大，容易与脉石颗粒形成非选择性聚团；质量相对小，动能小，降低了与泡沫碰撞的概率。根据这一特点，微细粒级黑钨矿浮选也可以从"调药、调粒、调泡"这三个方面来开展具体研究[46]。

1.2.3.1　调药

对黑钨矿浮选影响较大的浮选药剂主要为捕收剂和活化剂。

黑钨矿的捕收剂有胼酸类、磷酸类、烷基磺化琥珀酰胺羧酸盐类、脂肪酸类、羟肟酸螯合类等。国内外均有较多这方面的研究。

有研究人员[46~48]曾报道过烷基磷酸酯对黑钨矿的捕收作用。对某石英脉型黑钨矿进行选别，可获得优于常规捕收剂的浮选指标，从含 WO_3 0.2%的原矿中获得了 WO_3 品位为 8%，回收率为 86%的钨粗精矿。A-22（磺丁二酰胺酸四钠盐）也可作为黑钨矿的捕收剂，其主要通过活性基团磺酸基和羧基与黑钨矿表面发生作用[46]，但由于需在酸性浮选条件下使用，需添加大量硫酸和活化剂[49]，经济效益不佳。朱建光[50]曾报道过甲苄胼酸的合成制取工艺，并用于原矿含 WO_3 0.33%的黑钨细泥浮选可获得 WO_3 品位为 39.5%的钨精矿，回收率可达 84.72%，后又用在浒坑钨矿单槽工业试验中，给矿含 WO_3 2.01%，得到 WO_3 品位为 44.61%的钨精矿，回收率为 87.99%。但由于胼酸类、磷酸类捕收剂等均有一定的毒性，大量使用对环境存在潜在威胁，因此目前最常见的主要为脂肪酸类及羟肟酸螯合类试剂，例如油酸钠、氧化石蜡皂、苯甲羟肟酸、辛基羟肟酸等。朱一民、周菁[51]对萘羟肟酸浮选黑钨矿的机理做了相关研究，发现萘羟肟酸对黑钨矿具有较好的捕收效果且不浮选石英。他们认为从络合物化学及软硬酸碱理论解释，萘羟肟酸易与黑钨矿表面的 Mn^{2+} 和 Fe^{2+} 生成稳定五元环络合物而发生吸附，并采用 X 光电子能谱分析证明吸附现象的发生。苯甲羟肟酸[52~54]及辛基羟肟酸[55,56]也能在黑钨矿表面吸附，其吸附作用机理与萘羟肟酸类似，主要是因为羟肟酸中的 N、O 原子与黑钨矿表面的 Fe、Mn 质点螯合吸附，但从对黑钨矿的捕收能力来看，苯甲羟肟酸要低于辛基羟肟酸。黄建平等人[54]研究过环己甲基羟肟酸对黑钨矿的捕收性能，与苯甲羟肟酸进行了对比，发现环己甲基羟肟酸对黑钨矿的捕收性能更强，并通过 Zeta 电位和红外光谱分析证明环己甲基羟肟酸对黑钨矿的吸附为化学吸附。

除了捕收剂的单独用药方式，更常见的是组合用药。周晓彤、邓丽红等人[57]采用代号为 TA-4 的改性脂肪酸作捕收剂对黑白钨矿进行浮选，可使原矿 WO_3 品位 0.21%提升至 1.5%~2.0%，回收率可达 80%左右，对黑白钨均有一定的富集效果。并在另一复杂低品位黑白钨矿选矿中[58]使用 TAB-3 捕收剂成功使 WO_3 回收率从 65%提升至 77.55%。还有不少研究[59~62]报道了脂肪酸类与螯合类捕收剂组合用药对黑钨矿的浮选效果要优于单一用药。

文献资料显示，虽然以往的研究中记载了相当多的不同捕收剂对黑钨矿的浮选性能及浮选工艺的评价，但这些浮选试验所对应的处理对象的矿石性质都属于细泥范畴,即粒度在 0.074mm 以下,而并非为 30μm 以下,且部分试验涉及的处理工艺还包括脱除 20μm 或者 30μm 粒级的"矿泥",因此严格意义上来讲,这些并非黑钨矿的微细粒级浮选工艺。这表明目前微细粒级黑钨矿浮选仍有较大的研究空间。

黑钨矿活化剂的主要作用是在浮选体系中引入起活化作用的金属离子(例如,Pb^{2+}、Cu^{2+}、Mn^{2+} 等),因此在浮选过程中能够水解出此类金属离子且阴离子对浮选体系不产生影响的金属盐类都可作为黑钨矿的活化剂。这些离子引入的载体药剂分别对应他们的氯化盐、硫酸盐或者硝酸盐。其中硝酸铅[63~67]是被讨论最多的活化剂,同时也是对黑钨矿浮选活化效果最好的活化剂。金华爱与李柏淡[68]从溶液化学的角度分析硝酸铅在不同 pH 值环境中水解组分,并通过测量吸附硝酸铅前后的黑钨矿表面 ζ 电位,提出了硝酸铅活化黑钨矿浮选的作用机理的假设:硝酸铅在溶液中电离出铅离子,在弱酸性环境下以 $Pb(OH)^+$ 组分为主,作用于吸附了 H^+ 的黑钨矿表面时失去一个水分子从而发生吸附,由于 Pb 离子易与捕收剂分子产生沉淀,因此吸附在黑钨矿表面相当于增加了黑钨矿表面可吸附的质点,使之更容易被捕收剂分子吸附从而疏水上浮。这种"羟基络合物假说"最早是由 Fuestenau[69,70] 在研究金属离子对黄药浮选石英的活化作用时提出,与其他研究人员[64,67]的研究得出的结论一致。钟传刚等人[63,65]认为"羟基络合物假说"能够解释硝酸铅在 pH 值为 6~9 范围内对黑钨矿的活化作用,但无法解释在 pH 值大于 9 后依然对黑钨矿具有较好的活化效果,其原因在于当 pH 值大于 9 后,溶液中 $Pb(OH)^+$ 组分迅速下降而以 $Pb(OH)_2(s)$ 或者 $Pb(OH)_2(aq)$ 为主,因此此时的活化作用为氢氧化铅在黑钨矿表面沉淀的结果。由于这两种观点存在部分出入,硝酸铅在强碱性环境下活化黑钨矿的作用机理还值得更深入的研究。对于 Fe^{2+}、Ca^{2+}、Cu^{2+}、Mg^{2+} 对黑钨矿的活化作用机理,研究人员的观点[66~68,71,72]较为一致,均认为可用"一羟基络合物假说"解释,但韦大为[73]报道过 Fe^{3+} 对黑钨矿活化作用主要是因为在黑钨矿表面生成 $Fe(OH)_3$ 胶体所致。

虽然使用活化剂可提高黑钨矿的可浮性,但是活化剂在特定的 pH 值范围内才能发挥最佳的活化效果,因此需要与适合的浮选药剂搭配使用,并且过高的活化剂用量反而会恶化浮选效果,同时金属离子在尾矿中积累容易造成环境污染。

1.2.3.2 调粒

近年来,科研工作者对微细粒黑钨矿的浮选提出了不少新的工艺,其中包括载体浮选、油聚团浮选、剪切絮凝浮选、选择性絮凝工艺。这些新工艺都具有一个相同点,即从增大黑钨矿微细颗粒表观粒径的角度出发,也就是"调粒"。下面分别介绍这 4 种工艺的研究现状。

A 载体浮选

载体浮选是通过引入与目的矿物同种或不同的粗粒级矿物作为"载体",载体与微细粒级矿物在多种作用力（静电力、范德华力、疏水作用力）的综合作用下发生絮凝现象，表观粒径增大，从而实现浮选回收。根据引入载体的种类不同，载体浮选工艺主要分为两类，常规载体浮选（外加载体浮选）和自载体浮选[74]，也有文献[75]认为还有一类将分支浮选和载体浮选相结合的分支载体浮选，但事实上分支载体浮选属于自载体浮选的范围[76]。

目前微细粒的钛铁矿[77]、赤铁矿[78]、氧化铜矿[79]、锡矿[80]、白钨矿[81]、黑钨矿[82]等的载体浮选的研究均有相关文献报道，其中钛铁矿[83]、赤铁矿[84]、氧化铜矿[85]、锡矿的载体浮选工艺已具备工业生产应用的实例，并可获得令人满意选别指标。

而黑钨矿的载体浮选除在试验室规模的小型试验理论研究之外，并未见有工业生产应用的相关报道。这主要与工业生产的成本与经济效益有关系，由于目前的重选设备选别效果不断加强，通过重选法选别黑钨矿成本更低，经济效益更高。重选黑钨矿的选别粒度下限通常可达到 $30\mu m$，且磨矿细度较粗，并采用"早收多收，早抛多抛"的技术原则，脱除 $30\mu m$ 以下的矿泥。而载体浮选工艺通常为"全粒级"浮选工艺，浮选粒度范围在 $74\mu m$ 以下，磨矿成本要明显高于重选工艺，且需要粗粒级的矿物作为载体辅助微细粒级矿物的回收，因而又无法实现对 $30\mu m$ 以下的矿泥进行单独处理。因此黑钨矿的载体浮选工艺虽然理论上可行，但难以实现实际生产应用。

B　油团聚分选

油团聚分选是疏水的矿物颗粒借助介质中（一般是水）的中性油液滴的桥联作用，在静电力、范德华力和疏水作用力等综合作用下形成油团，并通过浮选或筛分等手段与油团分离，实现目的矿物的分选[86,87]。油团聚分选法最早用于煤的脱灰[88]，现可用于煤的脱硫、细粒金的浮选[88]、处理炭黑废水、废纸的脱墨浮选[89]、辉钼矿的油团聚浮选[86,90]、细粒氧化矿的油团聚浮选[91,92]等。

韦大为等人[92~95]曾报道过 $15\mu m$ 以下粒级的黑钨矿-石英体系的油团聚分离方法。他们在黑钨矿和石英的混合物料中加入中性油和黑钨矿的捕收剂油酸钠，通过强搅拌的方式得到黑钨矿的油聚团，再经筛分，成功实现从石英中分离出黑钨矿。并对中性油在细粒黑钨矿油团聚中的作用机理进行了分析，认为黑钨矿的油团聚效果与中性油在油团中的充填率有直接关系，不同中性油的种类对油团充填率的影响不大[96]。他们还从系统动力学的角度[94,95]分析了油团聚过程中影响油团的形成、长大的因素，认为油团聚的整个过程都受搅拌时间、搅拌强度及药剂用量的显著影响。

虽然油团聚分选在煤的脱灰、脱硫等得到了工业上的应用，但在黑钨矿的浮选工艺中，除了试验室规模的报道外，未见到一例工业生产方面的应用。可见油团聚分选工艺离黑钨矿分选的工业生产应用还有较远的距离。

C 剪切絮凝

剪切絮凝是在微细粒氧化矿浮选的基础上，强化浮选前矿浆的搅拌作用，通过高速搅拌矿浆的剪切力增加矿浆中细粒矿物之间碰撞的概率和动能产生絮凝作用，同时还可以配合控制矿浆的 pH 值环境、温度、浮选药剂种类和用量等因素实现矿物颗粒的"控制分散"[97]，以便达到最好的絮凝效果。

剪切絮凝这一概念最早是由 Warren[98]用油酸钠作捕收剂浮选微细粒白钨矿时提出。目前剪切絮凝在浮选中已有了较多的运用，工艺趋于成熟，在赤铁矿浮选[99]、钛铁矿浮选[100]、高岭土除铁[101,102]、菱锰矿脱磷[97]、浮选石墨[103]等方面均有报道。

邵瑞亚和石大新[104]曾对−5μm 粒级的黑钨矿−石英剪切絮凝浮选体系做过研究。他们利用油酸钠做捕收剂，对黑钨矿−石英的人工混合矿进行强搅拌预处理，再经常规浮选工艺浮出。对比不经搅拌处理的常规浮选结果，剪切絮凝浮选可以从−5μm 粒级 WO₃ 品位为 12.18% 的原矿中获得钨精矿品位从 30.14% 提高至 39.28%，浮选回收率从 58.92% 提高到 82.56%。他们还根据 DLVO 理论对黑钨矿−石英体系的剪切絮凝机理做了计算分析，认为强烈搅拌产生的剪切力引入的碰撞动能是克服颗粒间斥力能峰的主要因素，而长烃链捕收剂的使用可显著提高颗粒之间的吸引作用能，最终导致颗粒在克服斥力能峰后形成絮团。

从文献资料来看，剪切絮凝对微细粒氧化矿的浮选回收具有一定的效果，从工业生产应用来看也具有较好的前景，虽然目前没有微细粒级黑钨矿剪切絮凝浮选的工业生产应用报道，但随着微细粒黑钨矿回收问题的凸显，这项工艺研究方向有着进一步研究和发展的价值和潜力。

D 选择性絮凝浮选

选择性絮凝浮选与剪切絮凝浮选最大的区别在于实现矿物颗粒间絮团的方式不同，后者是通过强搅拌产生的剪切力强化絮凝效果，而前者是通过在浮选介质中加入高分子长链聚合物对表面电性不同的矿物颗粒表面产生选择性的吸附，再通过桥联作用使絮凝的矿物沉降，未絮凝的矿物则分散于悬浮液中[105]。

为了增大脉石矿物和目的矿物之间的表面电性差异，在加入高分子絮凝剂前还需使用捕收剂或者其他助剂调控矿物表面荷电特性。因此对选择性絮凝影响最大的无非是絮凝剂和助剂。絮凝剂的种类一般与目的矿物和脉石矿物的种类有关，但主要为高分子有机聚合物，金属盐或无机高分子聚合物做选择性絮凝的絮凝剂的报道则较为少见，其原因主要是这两类聚合物的絮凝虽然具有絮凝作用，但选择性较差。高分子有机聚合物一般具有特殊的官能团，由于官能团的带电特性，对特定矿物表面可以通过静电力作用或化学键合方式进行吸附，因而具有一定的选择性，根据官能团的荷电性差异可分为阴离子型、阳离子型、非离子型和两性型[106]。助剂除能调控矿物表面电性的捕收剂外，还有对 pH 值环境起调控作用的 pH 值调整剂以及使矿物颗粒在介质环境中均匀分散的分散剂等。

选择性絮凝工艺是目前微细粒氧化矿回收工艺的热门研究方向，在煤[107~109]、高岭土[110~112]、赤铁矿[113~115]、铝土矿[116~118]、菱锌矿[119]、锡石[105,120,121] 等的浮选中均有报道，应用十分广泛。

金华爱和李柏淡[122]最早对黑钨矿的选择性絮凝做过初步研究。他们用部分水解聚丙烯酰胺及磺化聚丙烯酰胺做絮凝剂，研究了对 -10μm 粒级的黑钨矿、萤石及石英的絮凝效果，并用它们的人工混合矿和某黑钨矿细泥进行了验证试验，得到了较好的分离效果。卢毅屏等人[123]也以聚丙烯酸为絮凝剂，油酸钠为捕收剂，对 -20μm 粒级的黑钨矿的絮团浮选进行了研究。他们研究了 4 种分子量不同的聚丙烯酸对黑钨矿-石英体系的絮凝浮选效果，发现聚丙烯酸的絮凝效果随着分子量的增加而加强；虽然高分子量的聚丙烯酸絮凝效果较好，但对黑钨矿的浮选有抑制作用，而低用量的聚丙烯酸絮凝效果较差，因此中等分子量（80万）的聚丙烯酸浮选效果最好。杨久流等人[124]比较了 4 种絮凝剂（CMC、FD、糊精及聚丙烯酰胺）对 -10μm 粒级黑钨矿与 4 种脉石矿物（方解石、石英、萤石、石榴石）的絮凝效果，结果表明，4 种絮凝剂对石英的絮凝效果均很弱，CMC 及糊精对黑钨矿、萤石的絮凝效果较好，FD 仅对黑钨矿的絮凝效果较好，表现出较高的选择性。综合来看，在絮凝能力上，APAM（聚丙烯酰胺）> FD > 糊精 > CMC，选择性上 FD > 糊精 > CMC > 聚丙烯酰胺。杨久流[13]还研究了选择性絮凝剂 FD 对微细粒黑钨矿浮选的效果，通过扫描电镜图像、红外光谱分析及吸附量测定等手段解释了 FD 主要与活性较高 Mn^{2+} 质点相互作用从而吸附在黑钨矿表面，并通过桥联作用使微细粒黑钨矿与磁铁矿形成紧密且稳定的聚团。Ca^{2+}、Mg^{2+} [125]也被认为对微细粒黑钨矿选择性絮凝浮选有较大影响，主要是因为 Ca^{2+}、Mg^{2+} 能够降低颗粒表面 ζ 电位，使矿粒之间发生凝聚或互凝现象，降低药剂的选择性分选效果。因此他们在浮选中加入碳酸钠来消除这种不利影响。

选择性絮凝从工业生产可行性角度来看是最具有研究潜力的微细粒级黑钨矿浮选新工艺。它对传统浮选工艺的改动很小，仅仅是通过替换药剂及延长搅拌时间即可实现，且絮凝剂的用量一般很低，因此改动投资成本低；经絮凝剂处理过的矿浆尾矿更易于沉降，便于尾矿水的处理。选择性絮凝浮选工艺成功的关键在于絮凝剂的选择，如何从众多絮凝剂中筛选或者根据需求合成出高选择性、高絮凝性的絮凝剂是目前选矿工作者所面临的问题。

1.2.3.3　调泡

浮选过程中，微细粒级矿粒质量小，动能小，难于在碰撞中克服能垒与气泡表面发生黏附，矿化效果差。根据这一特点，R. H. Yoon[126,127]通过计算气泡动能和直径的关系，矿粒、气泡、水三相接触面的表面能，以及相关的试验验证[128]，最终得出较小的气泡粒径有利于提高矿粒与气体的碰撞附着概率的结论，这是微泡浮选的理论基础，这一理论也被更多的研究试验[129~132]所证实。徐国印等人[133]将微泡产生方式归纳为3种，即改变气压方式产生微泡、电解产生微泡、超声波产生微泡，微泡浮选随着微泡产生方式的不同而有所区别。

通过改变气压产生微泡的浮选又可分为溶解气体浮选法（DAF法）、真空浮选法和射流浮选法。DAF法是将高压气体溶解于矿浆中，再通过减压析出气泡；真空微泡在矿浆表面形成负压，使矿浆形成局部真空析出自溶的空气从而生成微泡；射流浮选法是利用射流泵使矿浆加压自吸入空气并粉碎成微泡，然后再进入浮选装置下部后自动减压释放微泡。根据这些理念设计的微泡浮选设备已实现了工业上的生产应用，例如，旋流-静态微泡浮选柱，它在金矿浮选[134]、铜矿浮选[135]、钼尾矿再选[136]等方面均有报道。黄光耀等人[137]报道了一种微泡浮选柱从浮选尾矿中回收微细粒级白钨矿的效果优于传统的机械搅拌式浮选机。电解浮选则是利用外加电场来电解浮选矿浆中的水电解析出微泡形成氢气或氧气微泡，来浮选目的矿物。该方法受矿浆导电性影响很大，虽能生成大小均匀的微小气泡，但成本偏高，实用性不强，在微细粒矿物浮选方面几乎没有工业生产的应用实例，仅在工业废水处理方面有报道。超声波微泡浮选则是目前较新的研究方向，利用超声波装置产生的气泡与前面提到的两类相比，具有更高的动能且稳定性非常好，并且可通过控制溶液环境中的盐类物质的用量来调控气泡的尺寸[138]。Daisuke Kobayashi等人[139]通过显微和体视镜观测到超声波产生的微泡絮凝后上升缓慢的现象，认为微泡在超声波作用下受到Bjerknes力的作用不仅能够抵消一部分自身的浮力还更易于发生絮凝，虽然他们并未给出这一现象理论上的定量分析，但这种超声波微泡絮凝现象确实非常有利于浮选柱的微泡浮选。

浮选柱与射流型浮选机（微泡析出式浮选机）是用于回收微细粒级矿物的新型浮选设备。其特点在于能够产生大量的动能较高的微泡，使矿浆内有较大的气泡表面积，增大微细粒级矿物颗粒与气泡接触的概率，因而有利于矿物颗粒与气泡附着。目前，这类浮选设备多用于微细粒级硫化矿和煤的浮选，在黑钨矿这类氧化矿上的生产运用较为少见。

除上述研究进展之外，还有一些新型的选别工艺（例如选-冶联合工艺、重选预富集-浮选-重选联合工艺、磁-重-浮联合工艺等）及设备（如离心选矿机及高梯度磁选机等）。这些新型工艺和设备为微细粒级黑钨矿的选别提供更多的研究思路和方向[140]。

1.3　金属离子影响浮选的作用机理

在浮选体系中，引入矿浆溶液的离子来源主要包括3个方面[141~145]：（1）浮选用水，取自自然界的生产用水包含的难免离子Ca^{2+}、Mg^{2+}、Na^+、K^+等，以及二次用水可能含有的 Cu^{2+}、Fe^{3+} 等;（2）来自矿物本身所含有的金属及非金属离子在矿浆中解离或溶解;（3）矿用药剂引入的各种功能性的活化剂金属离子、抑制剂离子、捕收剂离子等。

由于浮选捕收剂及金属离子种类较多,它们的组合因素对不同矿石浮选的作用机理也多种多样。根据以往的研究对不同金属离子对不同捕收剂体系下浮选矿石的报道,得出的研究结论也不尽相同。归纳起来,金属离子影响浮选的作用方式有下面几种:

（1）吸附生成羟基络合物。即前面提到的"一羟基络合物"理论,较为广泛地应用在黄原酸及十二烷基磺酸钠浮选体系下金属离子对矿物的活化作用,例如 Cu（Ⅱ）、Ni（Ⅱ）活化石英、蛇纹石和绿泥石[146],Mg^{2+}、Ca^{2+} 活化石英[147~150],Cu^{2+} 活化黄锑矿[151],Fe^{3+} 活化蓝晶石[152] 等。

（2）吸附生成氢氧化物沉淀。胡岳华和王淀佐[153,154] 在"一羟基络合物"假说基础上进一步扩展,认为金属离子对氧化矿物的活化机理除了金属离子在氧化矿表面生成羟基化合物,更重要的是生成了氢氧化物沉淀,他们计算了多种金属离子的溶液化学平衡,并通过油酸钠浮选黑钨矿、石英的单矿物浮选结果,得出在最适宜浮选的 pH 值内,界面区域下更容易生成氢氧化物沉淀而不是羟基络合物,进而证明了氢氧化物沉淀是起活化作用的主要成分,同时结合金属离子对石英、孔雀石 ζ 电位的影响与浮选回收率的关系更进一步证明了观点。这种理论被运用在金属离子活化萤石[155]、钛辉石[156]、蛇纹石[157,158]、黑云母[141] 等。

（3）矿物表面质点溶解与金属离子交换吸附。这种情况容易出现在矿物颗粒较细的情况下。由于比表面积的急剧增加,矿物表面质点溶解现象显著,同时溶解的质点空位再与矿浆中游离的金属离子发生交换吸附,从而对浮选行为造成较大的影响,多出现于碳酸盐类[156] 或某些具有易与金属离子发生的特殊晶体结构的矿物[142,159]。

对于黑钨矿浮选体系而言,金属离子的影响作用与捕收剂的种类有很大关系。例如,在油酸钠做捕收剂、Pb^{2+} 活化时,活化黑钨矿浮选的主要为氢氧化物[153],而使用甲苯胂酸做捕收剂时,铅的羟基络合物是主要活性物质,氢氧化物的生成反而不利于黑钨矿的浮选[68];在使用十四烷基亚氨基二次甲基膦酸的浮选体系下,甚至 Pb^{2+} 并没有起到任何活化作用[67,160]。

1.4　量子化学在选矿领域的运用现状

1.4.1　量子化学的发展概述

虽然目前在各种精密分析仪器的辅助下,科研工作者已经能够对物质的微观世界有一定程度上的"感官"认识,例如对矿物或合成纳米材料表面的形貌研究等,但诸如矿物晶体内部各原子之间的成键关系、分子在固体表面吸附过程特征等这类更为微观的物质变化规律，难以通过分析仪器的实验手段予以观察和捕捉。以量子力学理论为基础发展衍生的量子化学作为现代化学的一个分支学科，其作用就是为了满足人类深入了解微观世界物质变化规律的需求。

量子化学作为化学领域的一门理论性计算学科，它的发展历程简而言之是从解决单电子体系的原子轨道，到多电子的分子轨道，再到多分子化学体系计算的过程。从理论上来看，最外层电子在化学问题中起主导作用，但在量子化学发展最初，即使不考虑内层原子的相对论效应，即忽略狄拉克方程的计算，通过精确求解薛定谔方程来解释化学反应和现象也是难以实现的，因为这个线型偏微分方程的求解过程极其复杂。因此，从 20 世纪 40 年代起，物理学家们为了求解薛定谔方程，提出了很多近似求解方式。德国物理学家 M. Born 和美国物理学家奥本海默 J. R. Oppenheimer 提出的"定核近似"，随后，英国物理学家哈特 D. R. Hartree 和 V. Flock 在此基础上对新的模型进行近似并提出 Hartree-Fock 方程，并通过自洽迭代法（SCF）完成原子近乎简并态的求解。

分子轨道简单来说就是用单电子轨道函数来近似表达分子的全波函数。它是将单电子波函数的求解得到电子的能级，再把这些电子按照能级从低到高的顺序依次排列到分子轨道中，由此得到分子轨道能级。多电子体系波函数最初也是由 Hartree 建立的，它是单电子波函数的乘积，随后 C. C. J. Roothaan 在此基础上将分子轨道用原子轨道的线性组合方式（LCAO-MO 近似），得到 HFR（Hartree-Fock-Roothaan）方程，简化了波函数中的微分-积分计算，仅需计算电子相互作用的库仑积分和交换积分[161,162]，这类从 HFR 方程入手对分子轨道、波函数和轨道能求解，再由此获得研究体系的其他性质的方法也被称为"从头计算法"（ab-inition method）。理论化学家 R. G. Parr 又提出了"零微分重叠近似"，进一步略去了大部分的双电子积分，但这种近似被认为过于简化，因此逐渐被"半经验化近似"的计算方法（例如 NDDO、CNDO、CNDO/1、CNDO/2 等）所取代。虽然在这一时期经过化学家们对波函数进行各种方式的简化和求解，仍然只能处理少数几个分子的计算，对多分子体系和化学反应的计算缺乏普遍适应性，但量子化学计算在合理解释一些化学现象方面的优势已经体现，例如 FuKui 在分子轨道理论的基础上提出的前线轨道理论（Frontier Orbital Theory）已经能够很好地描述化学反应过程中反应物之间旧键的断裂和新键的生成联系，以及休克尔分子轨道理论（HMO）对共轭有机分子结构的讨论。

1964 年 Kohn 和 Hohenberg 的密度泛函理论（DFT）的提出，标志着量子化学发展进入到新的时期。这一里程碑式的理论基于他们证明了量子系统所观测的性质决定了电子密度（KH 定理），这意味着体系的性质也能通过电子密度的泛函来表示，从而在量子化学计算过程中只要知道空间某一点处电子的平均数就能反映整个系统的所有性质[161,163,164]。从这一角度出发量子化学计算得以成功避开直接求解波函数而用电子密度分布函数来描述体系，极大地提高了计算效率和计算精度。随后，Kohn 又和 L. J. Sham 又推导出用于确定电子密度的自洽 KS 方程，还提出了一个电子密度泛函近似，成功解决固体中电子的"能带结构"问题。在众多学者研究工作下，又逐渐发展建立了局域自旋密度近似（LDA）、广义梯度近似（GGA）、加权密度近似（WDA）等方法，在化学及化学的多种交叉领域得到了广泛的应用并得到了很好的结果。

从头计算法和密度泛函理论计算法被统称为第一性原理方法，由此区别于半经验计算法和分子动力学计算。半经验计算法是在第一性原理方法的框架下插入实验和经验值以取代部分计算难度大的微积分，达到简化运算的目的，虽然能得出与实验值较为接近的计算值，但难以评估计算误差。分子动力学计算则是以牛顿力学来模拟分子体系的运动，利用分子力场来确定分子体系的稳定结构，而分子力场又是分子的经验势能函数。虽然分子动力学计算能够处理上万原子的复杂体系，但不能用于研究过渡态结构和反应化学键断裂或生成，计算结果误差也难以估计。

量子化学发展至今已经向人们揭示了化学学科不仅仅是一门实验科学，理论与实验相结合才是化学今后重要的发展趋势。量子化学计算的应用也不局限于化学领域，事实上这正如同 *Nature* 杂志在 2001 年发表的社论所描述的一样，"化学的形象被其交叉学科的成功所埋没"。量子化学是从量子力学角度出发研究微观世界中分子、原子、电子等的运动，从而揭示化学反应和现象的本质和规律，因此一切涉及微观世界客观规律研究的领域，例如材料工程、生物、制药、医学、化工生产、光电子技术等，都能见到量子化学的身影。其中结构与性能的关系一直是量子化学的主要研究领域，它包含无机小分子、有机分子、高聚物和生物大分子计算模拟，新型的理想模型分子、药物分子和材料分子设计等；人们在微观化学反应机理领域的研究，通过实验手段无法提供反应的过渡态结构和信息，而在量子化学的帮助下，这类问题有望得到解决；表面量子化学也随着对表面化学、表面电化学的迫切需求而迅速发展，其实质是以量子化学计算的手段来对表面化学的现象和机理进行补充和解释，通过建立原子簇模型和能带模型，大到直接或间接描述表面多相反应、吸附等行为，小到阐释电子与固体能带结构的关系等。

1.4.2　量子化学在矿物加工领域的应用

矿物加工是一门多领域的交叉性学科，大量涉及多种物理和化学方面的知识，如表面物理化学、分子力学、有机化学、结构化学等。随着这些领域与量子化学的联系不断紧密，矿物加工也不可避免地要涉及量子化学方面的知识。事实上，早在 20 世纪 70 年代末，随着量子化学"半经验计算法"的推广，诸如休克尔分子轨道法（EHMO）和全略微分重叠法（CNDO）的计算理论，已在矿物浮选化学中得到了引入和运用[165]。之后由于计算机技术的迅速发展，计算机的科学计算能力突飞猛进，使得利用计算机对小规模分子体系的量子化学"从头计算"过程得以实现，再加上密度泛函理论的研究成果在材料、生物等领域的遍地开花，很快结合密度泛函理论与选矿试验的研究工作相继被报道。除此之外，前线轨道理论解释矿用药剂与矿物表面作用机理、固体能带理论对矿物晶体结构和表面特征及其过渡态的分析与模拟、分子模拟多相界面反应的特征等，可见量子化学计算在选矿领域中运用范围非常广泛。以下简单介绍一下几种常见的量子化学理论及计算方法在选矿中的应用情况。

1.4.2.1　半经验分子轨道理论与"从头算起"法

分子轨道理论是用于处理多原子分子轨道结构的近似方法，与传统价键理论的区别在于，分子轨道理论尝试直接描述和解释分子轨道的结构特征而不是利用原子轨道重组和杂化。与价键理论类似的，分子轨道理论可用来分析表面吸附络合物的稳定性，因而多用于浮选药剂在矿物表面吸附类型和成键特性的判断[162]。由于受到早期科学计算水平的限制，通过从头计算法精确计算复杂体系的分子轨道难以实现，因此研究人员结合实验数据引入经验参数，发展出了半经验的分子轨道计算法，可通过计算结果分析矿物晶体结构、浮选药剂（一般是捕收剂）在吸附反应发生前后的分子构形变化、药剂与矿物表面吸附质点之间的吸附类型等。

J. A. Tossell 和 G. V. Gibbs[166] 曾用 CNDO/2 法对斜方形 Si_2O_2 二聚体的晶体构形进行计算，并且根据计算的键能最小值大胆预测了二聚体中 O-Si-O 键角下限值，与光电子能谱检测结果吻合度高，并认为是由于晶体键角的变形导致硅的共棱氧化物、硫化物和氢化物四面体构形的产生。C. Chavant 等人[167] 分别采用 MO 和"从头算起"法结合 X 衍射分析了 $BeCl_2(NCCH_3)_2$ 的分子晶体结构，认为根据分子晶体中 N 和 Cl 掺杂的比例不同，会导致四面体晶体发生变形。周泳[168] 采用从头算起法的 HFR 方法对氟磷灰石的分子轨道能级进行了计算，并对磷灰石的表面分子簇进行了多项计算和比较，结果表明磷灰石矿物表面不同位置的活性有一定的差异，形成共价键最强的位置化学稳定性最强，反之则化学活泼性较强。

T. S. Kusuma 等人[169] 用 EHMO 计算法研究小分子（CO、H 和 O）在 Ni(100) 晶面上的吸附状况，虽然与 H. A. Marzouk 等人[170] 的实验结论存在部分差异，表明半经验计算法在对多分子复杂的化学系统计算存在误差，但局部小分子在晶面上吸附的计算结果可信度依然很高。因此根据量子化学计算，可以对化学吸附假说做出判断[171]，例如采用 EHMO 法计算氧的吸附对铜产生的稳定能，稳定能 ΔE

越负，其表面络合物越稳定。不仅如此，氧对硫化矿的浮选过程也有非常大的影响。

为了解释氨基酸对黄原酸盐在方铅矿、孔雀石和氯铜矿的吸附和浮选的促进作用，Katsuyuki Takahashi 和 Takahide Wakamatsu[172] 利用量子化学 CNDO-MO 法计算了黄原酸离子、氨基酸两性离子以及由它们络合生成的超分子化合物（δ-氨基戊酸-乙黄药）的分子结构，结果表明，这种超分子化合物优先生成后再吸附于矿物表面比黄药直接吸附要容易得多。这一结果后来被 J. S. Hanson、M. Barbaro 等人[173] 的实验进一步证实，他们通过浮选试验、动电位分析和溶解度测量分析甘氨酸对黄药浮选硫化矿的促进作用，结果很好地验证了 Katsuyuki Takahashi 等人的理论。胡显智[174] 用 CNDO/M 法分别计算了羟肟酸盐、羟肟酸分子、羟肟酸离子及其与氧化铜和硫化铜表面吸附简化模型，认为羟肟酸及其变体氧肟酸离子与晶体表面的铜结合形成五元环络合物从而发生吸附，且对氧化铜的吸附作用要大于对硫化铜。董宏军和陈荩[175] 计算分析了油酸钠、十二烷基磺酸钠和十四胺与硅线石的成键机理，同时预测了这 3 种捕收剂的捕收力：油酸钠>十四胺>十二烷基磺酸钠，且在浮选试验中证实了预测结果。他们还在另一项研究中研究了上述 3 种捕收剂对蓝晶石和红柱石的捕收作用，成功的解释了蓝晶石类同质异相矿物的浮选规律。

李士达和王建华[176] 也用 HMO 法结合文献数据在计算机软件模块上成功完成黄原酸离子等浮选药剂的计算，结果与实验数据吻合。还有人[177] 用 HMO 法研究了浮选药剂取代基对其分子电荷分布的影响。

1.4.2.2　前线轨道理论

前线轨道理论认为分子轨道存在类似"价电子"性质的活泼分子轨道，电子按能级高低顺序充填于不同能级的分子轨道，其中有电子占据的能量最高的分子轨道被称为 HOMO，能量最低的未被电子占据的空分子轨道被称为 LUMO。当 HOMO 轨道上的电子接受外界能量产生跃迁时就进入 LUMO 轨道。分子的 LUMO-HOMO 能量差值反映了该分子的化学活性或化学稳定性，即差值越大说明 HOMO 轨道电子跃迁至 LUMO 轨道所需的能量越高，则该物质化学活性更低，稳定性高，反之则化学活性高，稳定性低；不同分子团簇的 HOMO-LUMO 比较时，HOMO 能级越高说明该分子团簇的还原性越强，越容易失电子，而 LUMO 越低说明越容易得到电子，氧化性越强[178~180]。因此这两种轨道能级特征直接反映了该分子化合物或分子团簇的化学活性，是具有较高参考价值的化学参数。

前线轨道理论早期就已成功的解释了黄铁矿、方铅矿的自诱导和无捕收剂浮选机理，一般多用于判断浮选药剂分子的构型与对矿物表面的作用情况，轨道能量差值可作为判断抑制或活化作用强弱的较好判据，例如解释偶氮类有机抑制剂对硫化矿的抑制作用[181]、金属离子活化剂对方铅矿表面的活化机理[182]、二乙基二硫代氨基甲酸酯对方铅矿的捕收性能[183]等；研究有机抑制剂的结构对其抑制性能的影响[184~188]；在现代科学计算软件的辅助下前线轨道还能根据分子势能分布的表示出来，更清晰直观的解释分子之间相互作用的过程和机理[180,189]。

1.4.2.3 固体能带理论

能带理论认为晶体中每个电子都是在固定的原子实周期势场及其他电子的平均势场中运动，是一种单电子近似理论。与分子轨道理论相似，固体能带由不同能级电子按顺序充填的能带，但由于原子彼此之间的力的作用，原有能级发生分裂，最终形成了固体的能带。与分子轨道不同之处在于，固体的能带是由很多个能量接近的能级组成，各能级之间彼此相差很小，使得组成的能带可近似看作是连续的。能带中存在着被价电子占据的能带——价带，和未被占据的空能带——导带，而具最高能量的价带及最低能量的导带类似的对应分子前线轨道理论的HOMO 和 LUMO。并且部分晶体能带中，价带顶部（Valence Band Top）与导带底部（Conduction Band Bottom）之间存在着一定的能量差距，形成带隙，或称为禁带。带隙的宽度直接影响晶体光电性能。

能带理论能够很好地解释晶体分为导体、半导体和绝缘体的原因以及解释晶格原子分布或空缺对晶体本身导电性能的影响。选矿研究的对象体系组成较为复杂，但都属于晶体范畴，特别是浮选溶液环境下，矿物晶体的浮选特性受温度、机械搅拌及化学试剂引起的溶液化学势能影响显著，且过程都涉及电子传递机理，因此能带理论通常能给予很好的解释。除此之外还可用于定量研究生物浸出、湿法冶金等过程的电子传递机理[190]。早期研究人员[191]用半导体能带图来讨论 HS⁻ 和分子氧与矿物作用机理，认为 P 型黄铁矿是良好的电子受体，易接受 HS⁻ 电子，从而使得 HS⁻ 转化成 S^0，N 型方铅矿上电子能量高，易失去电子后生成 S^0。这一理论还被推广到硫化矿的氧化浸出过程[192]，认为硫化矿氧化浸出过程是一个半导体-溶液界面空穴或电子转移的过程，因而能据此解释硫化矿细菌氧化浸出的机理。陈建华等人[193,194]则在电化学调控与能带理论结合做了较多的研究工作，他们研究了黄药与硫化矿物表面吸附稳定性与半导体能带结构的关系，并推导出黄铁矿 Barsky 关系式；还从电化学角度提出了有机抑制剂的两种抑制机理。除此之外，能带理论被更多的应用于解释晶体材料电子结构与光电性能的关系，而对于矿物晶体材料，能带理论则能够解释由机械外力引起的晶格畸变对晶体化学反应活性的影响[195]或晶格缺陷引起的晶体结构变化及可浮选差异[196]，甚至还能反映出药剂分子与矿物晶体表面的吸附现象[197]。

1.4.2.4 密度泛函理论

前面已经提到密度泛函理论的实质是用电子分布密度函数来代替求解波函

数，事实上，Kohn-Sham 方程中也并未给出交换相关泛函的精确表达式，因此目前基于密度泛函理论的计算过程都需要使用一个符合计算体系客观事实的交换相关泛函近似计算方法来实现 KS 方程的求解。但针对计算体系的电子云特征采取的近似计算方法，例如局域密度近似（LDA）、广义梯度近似（GGA）、杂化泛函等，对真实体系的模拟计算结果往往与试验数据非常接近，计算结果可信度高，这使得 DFT 计算的应用方向不局限于对现有试验数据的验证，而是更多地用于对未知体系特征的预测，因而具有非常广泛的运用空间和前景。目前，密度泛函理论在选矿领域主要应用于研究矿物晶体结构、矿物表面及溶液环境三者之间的相互作用关系，包括矿物晶体及表面的原子、电子结构特征，矿物表面与小分子化合物及金属离子的作用，矿用药剂大分子对矿物表面作用的反应机理等。

　　矿物晶体大多属于半导体范畴，晶体原子结构对晶体的物理化学特性，特别是对表面物理化学特性的影响非常大。在对复杂的真实体系进行量子化学计算模拟之前，首先必须保证所使用的矿物晶体或药剂分子模型是符合客观事实和规律的，从而研究矿物晶体结构往往是量子化学计算开展的第一步。选矿工作者在这方面做过不少的研究工作。虽然晶格缺陷和晶格掺杂对晶体物理化学性质的影响在材料领域多有涉及，矿物晶体类质同引起的界面化学性质差异在选矿领域中也受到过关注，但陈建华等人最先利用量子化学密度泛函计算的手段将两者结合起来。他们建立了方铅矿[198,199]、闪锌矿[200,201]、黄铁矿[202]、硫化铜[203]等多种硫化矿晶体的晶格掺杂模型和空位缺陷模型，分析其电子结构和半导体性质与矿石可浮性的关系，结合浮选试验结果，从新的角度对硫化矿浮选电化学调控理论做出了解释[193]，还提出了氢键效应引起的多层水分子在方铅矿和黄铁矿表面的吸附现象是影响矿物可浮性的重要原因[204]，为后续 DFT 计算在处理晶体掺杂模型及研究矿物表面-溶液的界面现象提供了有利参考。除硫化矿外，氧化矿晶体结构的 DFT 研究也被较多的报道。DFT 计算除了能对晶体的能带结构进行分析，更多的是对 Mulliken 布居和态密度分析，前者能够反映原子之间的成键强弱和性质，后者则更进一步分析原子键的轨道组成。例如张英等人[205]通过对白钨矿、萤石和方解石晶体键的 Mulliken 布居分析，认为白钨矿和方解石在破碎过程中主要断键方式为离子键断裂，与萤石的断键方式非常相近，矿物表面的化学活性也相似；态密度分析结果也表明 3 种矿物中 Ca 的态密度组成非常相似，因而矿物表面物化性质相似。吴桂叶等人[206]比较了菱镁矿（221）面和石英（-110）面原子的态密度，发现石英的氧原子在费米能级处 2p 轨道贡献较大，因此石英（-110）面的氧原子在参与化学反应时活性较高，容易与阳离子捕收剂发生作用，而与菱镁矿相比，石英的导带能级活性更低，故更不易与阴离子捕收剂发生作用，因此石英倾向于结合阳离子捕收剂，菱镁矿则倾向于结合阴离子捕收剂，这一规律有利于指导两者浮选分离时捕收剂的选择。还有人[207]论证过蒙脱石中不同碱金属离子对蒙脱石晶体结构形变有着显著影响。

蓝丽红等人[208]基于密度泛函理论研究结果证明了空位缺陷可以促进氧分子在方铅矿表面的吸附，表明矿物表面的原子、电子结构也对矿物浮选性能有较大的影响。矿物表面是浮选界面化学反应的主要区域，并且是研究矿物表面与浮选药剂作用机理的基础。除方铅矿、黄铁矿、黄铜矿[209]等硫化矿之外，高岭石[210]、一水硬铝石[211]、锡石[212]、钨锰矿[213,214]、钨铁矿[214]等氧化矿的表面第一性原理计算也越来越多地被报道。

在浮选过程中除了矿物表面特性及浮选药剂对浮选效果影响较大，浮选溶液环境也是一个不可避免的影响因素，有时甚至对整个浮选结果起到决定性影响。这主要是因为溶液环境中包含了各种难免离子以及通过浮选药剂引入的外来离子（一般多为金属离子）对浮选体系的表面化学调控作用不可忽视。例如重金属离子对浮选矿物表面的活化或者抑制作用、溶液环境中酸碱平衡、离子水化作用等。选矿学者利用密度泛函在这些方面做了大量的研究，试图更直观地揭示微观环境下界面作用机理。重金属离子中，Cu^{2+}、Fe^{2+}及Pb^{2+}对矿物表面与浮选药剂作用的影响被较多的研究，这主要是因为它们对多种矿物浮选有着显著的活化效果。传统的检测手段结合试验数据分析其活化机理一般认为它们是在矿物表面"吸附增加了活化质点"，但无法从活化性能高低上加以区分，也无法对它们在溶液中起活化作用的具体成分加以确定。DFT 计算研究表明[215~217]，Pb^{2+}在水溶液中由于水化作用会与多个水分子（2~6 个）结合形成水化层，并非简单的以Pb^{2+}或者$Pb(OH)^+$形式存在，这一结论也得到了实验结果的支持[218,219]。在此基础上，Juan Wang、Shuwei Xia 和 Liangmin Yua[217]用 DFT 方法研究了水化后的铅离子在高岭土（001）面的吸附机理，结果表明结合了 3~5 个水分子水化后铅离子在高岭土（001）面吸附后的构形有所区别，而稳定吸附的关键因素是水化分子与（001）面氧原子之间的氢键作用，这导致不同构形铅离子水合物的吸附强弱有较大差异。$Cu^{2+[220]}$、$Fe^{2+[221]}$也具有类似的情况。但未见有Cu^{2+}、Fe^{2+}的水合物在矿物表面的 DFT 研究报道，有人认为[222,223]Cu^{2+}对闪锌矿表面的活化作用主要是因为Cu^{2+}和$Cu(OH)_2$在 S 原子上吸附作用。Chenliang Peng 等人[224]还报道了水分子在钠蒙脱石上的吸附作用，与在方铅矿上的吸附情况类似的，水分子主要是通过氢键作用与钠蒙脱石表面吸附，多层水分子之间则是静电力作用。

采用密度泛函方法对矿物表面与浮选药剂分子之间作用的分析主要从前线轨道、Mulliken 布居分析、电负性及表面能差异、电荷迁移分析等方面入手。化学反应物（在这里则是指矿物表面的吸附质点和药剂分子官能团）的前线轨道往往是研究反应能否顺利进行下去的关键因素，结合反应物电荷密度计算对电荷转移情况分析的结果及固体的能带结构图，能够迅速判断反应物发生化学反应的难易度以及反应过程。比如 Guangyi Liu 等人[225,226]在研究几种苯并杂环巯基化合物对硫化矿的吸附作用时，通过比较化合物异构体硫醇和硫醇的 HOMO 就能迅速判断它们与矿物表面作用的强弱，试验结果也验证了计算预测。类似的应用在比较 BHA（苯甲羟肟酸）和 CHA（环己基羟肟酸）浮选白钨矿[227]、几种阳离子表面活性剂浮选硅酸盐矿物[228]、铜铁离子与乙基黄药吸附机理[229]等研究中都能看到。通过比较反应前后反应物的成键情况和表面能的变化，就能了解反应物之间具体作用关系。例如在分析硅酸钠在高岭石表面吸附分散作用时[230]，态密度计算结果显示吸附在高岭石表面的主要成分为 $Si(OH)_4$ 和 $SiO(OH)_3^-$，后者的吸附作用要强于前者主要是因为 $SiO(OH)_3^-$ 除了有 O_{2p} 与高岭石（001）表面 H_{1s} 之间的轨道杂化作用外，其未饱和 O 原子上还留有一对孤对电子具有较高的活性，从而与高岭石表面具有更高静电力作用。吸附前后相应的 H—O 之间 Mulliken 布居数显著的提高以及差分电荷密度图上电荷的转移都有力的支持这一观点。类似的分析方法在研究水分子环境下乙基黄药对硫化锌的吸附现象[231]、羟基钙在高岭石两种（001）晶面的吸附[210]、十二烷基磺酸钠在黄锑矿表面的吸附作用[151]、淀粉片段分子、水分子及氢氧根离子在赤铁矿表面的吸附作用[232]等均有报道。

　　本书通过相关研究，不仅解释实际选矿过程中的一些浮选现象，为黑钨尾矿及微细粒级黑钨矿的选矿回收提供理论支持，更重要的是整个研究过程借助量子化学计算手段从微观世界角度提出一套完整的理论来阐释黑钨矿基本浮选行为与特定浮选体系下浮选现象的研究思路，对其他微细粒级氧化矿及尾矿的回收同样具有参考价值。不仅从全新的理论角度补充与解释了黑钨矿浮选传统理论无法解释的浮选现象，还结合实际尾矿选别给出了相关论证，对发展黑钨矿乃至氧化矿选别技术具有重要意义。

2 矿样、药剂、设备与试验方法

2.1 矿样

2.1.1 单矿物

　　用于制备黑钨矿单矿物的矿石分别取自广东韶关瑶岭钨矿、湖南郴州瑶岗仙钨矿、广东河源锯板坑钨矿及江西浒坑钨矿。矿样均取自未经浮选药剂污染的重选作业，粒级在−2mm+0.8mm之间。先经陶瓷球磨机磨至−74μm粒级，清洗脱除细泥，烘干后再经干式磁选脱除大部分脉石，最后通过淘洗盘人工反复淘洗得到黑钨矿精矿。黑钨精矿化学分析及X射线粉晶衍射分析结果分别见表2-1和图2-1~图2-4。从分析结果可以看出，4种精矿样中黑钨矿的含量均超过95%，其

表 2-1　4种黑钨精矿化学成分分析结果（质量分数）　　　　　（%）

矿样	WO$_3$	Fe	Mn
浒坑黑钨矿	74.90	1.98	15.05
锯板坑黑钨矿	72.23	8.97	9.64
瑶岗仙黑钨矿	76.19	9.82	7.90
瑶岭黑钨矿	76.00	11.22	7.65

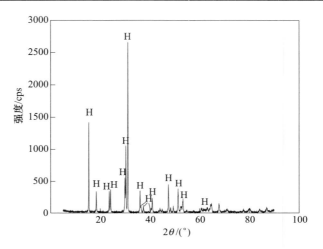

图 2-1　浒坑黑钨矿单矿物 X 射线粉晶衍射图

H—钨锰矿

中洴坑黑钨矿以钨锰矿为主，瑶岭黑钨矿则以钨铁矿为主。黑钨精矿再经玛瑙研磨皿人工研磨后，筛分水析获得$-74\mu m+38\mu m$及$-38\mu m+5\mu m$两个粒级区间的单矿物产品装入干净的容器密封保存待用。单矿物的研磨提纯制备过程均未引入任何杂质，以保证矿物表面的原始性质。

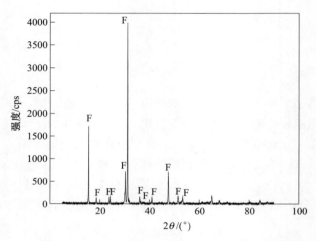

图 2-2　锯板坑黑钨矿单矿物 X 射线粉晶衍射图

F—钨铁矿

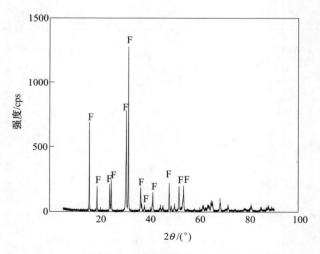

图 2-3　瑶岗仙黑钨矿单矿物 X 射线粉晶衍射图

F—钨铁矿

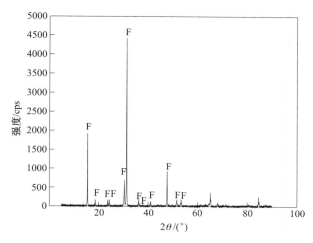

图 2-4 瑶岭黑钨矿单矿物 X 射线粉晶衍射图

F—钨铁矿

2.1.2 实际矿石

2.1.2.1 化学分析及矿物组成

矿样取自广西平桂钨矿重选厂选钨尾矿及分级机溢流的混合细泥。矿样经干燥缩分后取样，经 X 射线荧光半定性分析及化学多元素分析的结果见表 2-2，主要化学成分结果见表 2-3，主要矿物组成及含量见表 2-4，原矿物相及钨矿物相分析见表 2-5 和表 2-6。由于尾矿来源复杂，因而矿样性质与原矿相比具有显著的差异，且表面风化氧化现象严重。

表 2-2 实际矿石 X 荧光半定性分析 （％）

化学成分	SnO$_2$	MgO	Al$_2$O$_3$	SiO$_2$	P$_2$O$_5$	WO$_3$	Mn	Fe$_2$O$_3$	K$_2$O	CaO	SO$_3$
含量（质量分数）	0.16	2.833	3.324	45.68	0.025	0.161	0.102	4.17	0.323	11.51	1.672

表 2-3 实际矿石主要化学成分结果 （％）

化学成分	TFe	WO$_3$	S	SiO$_2$	CaO
含量（质量分数）	3.18	0.26	0.96	43.5	12.2

表 2-4 实际矿石主要矿物组成及含量 （％）

矿物类别	褐铁矿	黑钨矿	磁黄铁矿	云母	方解石	石英
含量（质量分数）	1.24	1.01	4.32	25.68	20.45	21.80

表 2-5　原矿钨物相分析　　　　　　　（%）

钨相	黑钨矿	白钨矿	钨华	合计
含量（质量分数）	0.132	0.015	0.0134	0.160
分布率	82.29	9.35	8.35	100.00

表 2-6　原矿矿物组成

矿物类型	矿物种类
钨、锡矿物	黑钨矿、白钨矿、锡石
金属硫化矿物	黄铁矿，少量毒砂
其他氧化矿物	主要为褐铁矿
脉石矿物	方解石、石英、云母、长石、石榴石等

原矿中主要有价金属为钨和锡。其中钨矿物以黑钨矿为主，含少量白钨矿，但有近10%的钨华。钨华主要来自氧化钨矿床，属黑钨矿和白钨矿的表生矿物，含量一般较低，但经原选矿作业的处理后由于难以有效回收，显然在尾矿中即本节的原矿中得到了富集，加上粒级进一步细化，因此这部分钨基本无法通过选矿方法有效回收；脉石矿物以硅酸盐及碳酸盐矿物为主，其中方解石、石英占较大比例；硫化矿物主要是黄铁矿和少量毒砂；除此之外褐铁矿也占有一定的比例。

2.1.2.2　粒度组成

经筛分水析后得到粒级分布结果，见表2-7。

表 2-7　实际矿石的粒级分布

粒级分布	占有率/%	WO$_3$品位/%	WO$_3$占有率/%
+74μm	25.59	0.025	4.11
−74μm+43μm	20.31	0.016	2.09
−43μm+30μm	7.66	0.685	33.70
−30μm+20μm	14.52	0.19	17.72
−20μm+10μm	10.19	0.253	16.56
−10μm+5μm	9.10	0.22	12.86
−5μm	12.63	0.16	12.98
合计	100.00	0.16	100.00

根据粒级分布结果可以看出，原矿−43μm粒级的含量很高，约有一半以上。而超过90%的WO$_3$都在这一粒级范围内，且在−30μm+20μm、−20μm+10μm、−10μm+5μm、−5μm 4个粒级均匀分布；−5μm粒级WO$_3$的占有率也有12.01%。

2.2 药剂、仪器与设备

　　试验所用的药剂及仪器分别见表 2-8 和表 2-9。其中苯甲羟肟酸为广州有色金属研究院生产代号 GYB（其主要成分为苯甲羟肟酸）的药剂反复重结晶提纯后的高纯度物。

表 2-8 试验药剂

药品名称	分子式	纯度	生产厂家
六偏磷酸钠	$(NaPO_3)_n$	分析纯	天津市大茂化学试剂厂
丁基黄药	$C_4H_9OCSSNa$	工业品	广州有色金属研究院
苯甲羟肟酸（GYB）	$C_7H_7NO_2$	工业品	广州有色金属研究院
油酸钠	$C_{17}H_{33}CO_2Na$	分析纯	阿拉丁试剂有限公司
硝酸铅	$Pb(NO_3)_2$	分析纯	天津市大茂化学试剂厂
氯化铜	$CuCl_2 \cdot 2H_2O$	分析纯	天津市大茂化学试剂厂
无水三氯化铁	$FeCl_3$	分析纯	天津市大茂化学试剂厂
硫酸亚铁	$FeSO_4 \cdot 7H_2O$	分析纯	广州化学试剂厂
水玻璃	$Na_2O_2 \cdot 8SiO_2$	分析纯	湖南郴州瑶岗仙矿业公司
无水乙醇	C_2H_6O	分析纯	广州化学试剂厂
氯化锰	$MnCl_2 \cdot 4H_2O$	分析纯	广州化学试剂厂
松醇油	混合物	工业品	广州化学试剂厂
硫酸	H_2SO_4	分析纯	广州化学试剂厂
氢氧化钠	$NaOH$	分析纯	广州化学试剂厂
碳酸钠	Na_2CO_3	分析纯	广州化学试剂厂
氧化石蜡皂	RCO_2Na	工业品	广州有色金属研究院

表 2-9 主要试验仪器及设备

设备名称	设备型号	生产厂家
瓷磨机	SO-16A	海宁市新华医疗器械厂
电热恒温鼓风干燥箱	101-4 型电热鼓风干燥箱	上海第二五金厂
超声波清洗机	CQ5200	上海弘兴超声电子仪器公司
电子天平	ES-103HA	长沙郝平科技发展有限公司
体视显微镜	SZX7	奥林巴斯 Olympus
金相试样抛光机	PG-2	上海长方光学仪器有限公司
红外光谱分析仪	740-FTIR	美国 nicolet 公司
激光粒度仪	LS603	珠海欧美克科技有限公司

设备名称	设备型号	生产厂家
X 射线衍射仪	D/MAX-rA 型	日本理光
精密 pH 计	pHS-3C	上海精密科学仪器有限公司
干式磁选机	138A-Э1	俄罗斯
紫外分光光度计	UV6100	上海精密科学仪器有限公司
挂槽式浮选机	XFG	中国长春探矿机械厂
真空过滤机	$\phi260/200$	南昌通用化验制样机厂
高梯度磁选机	实验室 I 型	广州有色金属研究院
X 射线荧光分析仪	Minipal4	荷兰帕纳科公司
三相研磨机	XPM-ϕ120×3	武汉探矿机械厂

2.3　研究方法

2.3.1　单矿物浮选试验

浮选试验采用 40mL 型挂槽式浮选机。浮选溶液介质、浮选过程中的补加冲洗水及配制浮选药剂的溶质均采用一次蒸馏水。每次试验称取 2g 矿样置于浮选槽内，加入一定浓度浮选药剂，搅拌时间视药剂的种类而定，采用精密 pH 计测量矿浆的 pH 值后进行人工手动刮泡浮选，浮选时间为 5min。浮选试验的尾矿和精矿经过滤烘干后称重，按照质量分数直接换算成产品产率，浮选回收率数值上等于产率。

2.3.2　实际矿石浮选试验

黑钨细泥尾矿实际矿石小型实验室浮选试验采用单槽式浮选机，条件试验采用 0.5L 浮选槽，每次称取 200g 矿样，开路及闭路试验根据矿样及产品的产率还需使用 1.5L、1.0L、0.75L、200mL 浮选槽，每次称取 1000g 矿样，浮选过程涉及的水均采用管道自来水。浮选的精矿、中矿、尾矿产品经真空过滤机、烘干、称重计算产率，取样、制样送化学分析再根据产品品位计算金属回收率。

2.3.3　粒度分析

粒度分析样品的来源是单矿物、实际矿石的原矿及各种浮选、分级产品，且粒级在 38μm 以下。试样加入一次蒸馏水经超声波反复清洗分散，确保试样颗粒之间不会出现絮凝聚团后，每次分析取 0.2~0.5g 样置入激光粒度分析仪中，每个样品经重复测量 3~5 次，取测量结果最为接近的 3 次结果的中间值作为可信结果，获得粒径分布表及粒度微分分布及累积分布图。

2.3.4　X 射线衍射分析（XRD）

将单矿物样品经玛瑙研钵研磨至 $2\mu m$ 以下，在日本公司 D/MAX-rA 型 X 射线衍射仪上扫描，扫描条件为：铜靶 Kα，石墨单色器滤波片，管电流为 300mA，衍射速度为 $1°/min$，扫描范围为 $2\theta=5°\sim80°$。

2.3.5　体视显微镜下分析

将待观测的矿样烘干后，取 1g 矿样置于载玻片上在 Olympus 体视显微镜下直接观测并通过显微镜连接的图像截取软件根据合适的放大倍数分别截取样品的照片。

2.3.6　量子化学计算

各种模型的建立通过线下计算机软件完成之后，将生成的模型文件及包含模型相关计算参数的配置文件从软件中导出，并通过 SSH 客户端上传至远程的超级计算平台，超算平台采用 Linux 系统，通过脚本文件和命令行直接调用平台软件进行模型的优化与计算。待计算完成后，再通过 SSH 客户端下载计算输出文件，并通过线下计算机软件 Material Studio 分析输出文件得到计算结果。

2.3.7　反光显微镜分析

反光显微镜观测，取待观测的矿物样品 2g，置入陶瓷坩埚中，加入沥青与石灰的胶质混合物，加热至熔融状态后，冷却凝固成块状，用切割机切出厚度约 1cm 的块状，将底部分布有均匀矿物颗粒的待测面在磨片机上打磨光滑后可在反射光显微镜下直接观测。

2.3.8　X 射线荧光光谱分析（XRF）

将待测矿样经三相研磨机研磨至 $38\mu m$ 以下，经压片后置入 X 射线荧光光谱分析仪中，X 光管阳极靶材料为铑 Rh，选用投射薄膜为聚酯膜，Ar 气介质，输出电压为 20kV～60kV，分析谱线为 Kα、Kβ、Lα 和 Lβ，每个样照射测量时长为 3min，重复测量 5 次，取 3 次最接近的值求均值作为结果。

2.3.9　红外光谱测试

红外光谱的检测样品来源为黑钨矿单矿物、单矿物经药剂处理浮选后的精矿产品以及金属盐或苯甲羟肟酸晶体颗粒。检测样经溴化钾压片法处理后得到待测样片，红外光谱分析的波数范围为 $4000\sim400cm^{-1}$。样品前处理步骤具体如下：黑钨矿单矿物或黑钨矿浮选产品经玛瑙研钵研磨至 $2\mu m$ 以下，真空干燥后直接压片制样；苯甲羟肟酸重结晶提纯物及制取的苯甲羟肟酸金属盐经洗涤过滤后，直接真空低温干燥后压片制样。

2.3.10　药剂吸附量测试

药剂吸附量测试是采用残余浓度法在紫外分光光度计测得。

测量 BHA 前，首先在 0.1mol/L 盐酸中测得 BHA 在特定波长紫外光下的稳定特征吸收峰。试验中对 1mg/L、4mg/L、10mg/L、20mg/L、32mg/LBHA 的盐酸溶液[63]进行全波谱扫描后结果如图 2-5 所示，其稳定吸收峰在 $\lambda = 227.7\mathrm{nm}$ 处，即为工作波长，在此波长下以 BHA 的吸光度 A 为纵坐标，浓度 C 为横坐标绘制工作曲线如图 2-6 所示。

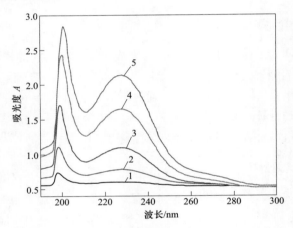

图 2-5　0.1mol/L 盐酸溶液中 BHA 紫外吸收光谱

1—1mg/L；2—4mg/L；3—10mg/L；4—20mg/L；5—32mg/L

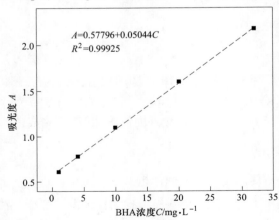

$A = 0.57796 + 0.05044C$

$R^2 = 0.99925$

图 2-6　定量分析工作曲线（$\lambda = 227.7\mathrm{nm}$）

其中线性回归相关系数 $R^2 = 0.99925$，达到分析要求。待测 BHA 溶液测得吸光度后，通过图 2-6 中的工作曲线可计算出 BHA 浓度。

吸附量测定前备样处理步骤为：称取 1.00g 黑钨矿，放入锥形瓶中，再加入适量的蒸馏水、pH 值调整剂，用精密 pH 计测得合适的 pH 值后，加入金属离子活化剂及苯甲羟肟酸，放入振瓶器中振荡 10h。取出锥形瓶测得吸附平衡 pH 值，再将矿浆倒入离心管中离心 40min，取离心管上清液 10mL 装入试管送样。

根据紫外分光光度计测得的上清液中离子的浓度，用初始值减去上清液离子浓度得到药剂（BHA 或金属离子）在离心沉淀物（黑钨矿）表面的吸附量。

3 黑钨矿晶体结构与表面解离特性

由于黑钨矿中 Fe 与 Mn 的比例为变量，因此黑钨矿不具备固定的化学计量式，这使得晶体建模过程难以通过固定化学计量式的方法来完成。但黑钨矿是介于 $FeWO_4$-$MnWO_4$ 类质同象系列的中间成员，可以推断黑钨矿的晶体特性与 $FeWO_4$ 和 $MnWO_4$ 相近。因此，分析 $FeWO_4$、$MnWO_4$ 的晶体特性有助于了解黑钨矿的晶体特性。

3.1 $FeWO_4$ 与 $MnWO_4$ 晶体类型及特征

$FeWO_4$ 和 $MnWO_4$ 多为单斜晶体，空间群 P2/C，文献记录的晶体晶格参数及原子分数坐标见表 3-1 和表 3-2[233~235]。从表 3-1 中的参数可以明显地看出 $FeWO_4$ 与 $MnWO_4$ 晶格参数十分接近，$MnWO_4$ 单晶体积略微大于 $FeWO_4$。在黑钨矿 (Fe, Mn) WO_4 晶体中，部分 Mn 原子被 Fe 取代，属于 $FeWO_4$-$MnWO_4$ 的过渡晶形，因此可以预测黑钨矿的晶面特征应与 $FeWO_4$ 和 $MnWO_4$ 相似。

表 3-1　$FeWO_4$ 与 $MnWO_4$ 的晶格参数

晶体类型	晶　格　参　数						晶格体积
	$a/Å$	$b/Å$	$c/Å$	$\alpha/(°)$	$\beta/(°)$	$\gamma/(°)$	
$FeWO_4$	4.753	5.72	4.968	90	90.08	90	135.66
	4.75	5.72	4.97	90	90.17	90	135.03
	4.73	5.703	4.952	90	90	90	133.58
$MnWO_4$	4.8238	5.7504	4.9901	90	90.18	90	138.39
	4.82	5.76	4.97	90	89.12	90	137.97
	4.83	5.7603	4.994	90	90.14	90	138.92

根据表 3-1 中的晶格参数与表 3-2 原子空间坐标，可以得到 $FeWO_4$ 和 $MnWO_4$ 的单晶模型示意图如图 3-1 所示。图 3-1 显示了一个单晶 $FeWO_4$ 或 $MnWO_4$ 各原子在空间中的布局情况。为了便于分析各原子之间的作用情况，将原子间距在成键范围内的原子两两之间连接起来，可得到图 3-2。

表 3-2 FeWO₄与 MnWO₄的原子分数坐标

原子类型		分 数 坐 标		
		x	y	z
FeWO₄	W1	0	0.1808（2）	0.25
	Fe1	0.5	0.3215（5）	0.75
	O1	0.2167（10）	0.1017（10）	0.5833（10）
	O2	0.2583（14）	0.3900（14）	0.0900（14）
	W1	0	0.1808（2）	0.25
	Fe1	0.5	0.3215（5）	0.75
	O1	0.2158（10）	0.1068（10）	0.5833（10）
	O2	0.2623（12）	0.3850（12）	0.0912（12）
	W1	0.5	0.6744（7）	0.25
	Fe1	0	0.1799（1）	0.25
	O1	0.2159（23）	0.1050（24）	0.5660（16）
	O2	0.2538（26）	0.3744（24）	0.1096（18）
MnWO₄	Mn1	0.5	0.6866（9）	0.25
	W1	0	0.1853（6）	0.25
	O1	0.2132（5）	0.1026（5）	0.9394（4）
	O2	0.2524（4）	0.3707（6）	0.3918（5）
	Mn1	0.5	0.6804（30）	0.25
	W1	0	0.1815（20）	0.25
	O1	0.210（1）	0.0987（12）	0.5568（14）
	O2	0.2528（13）	0.3776（11）	0.1080（13）
	Mn1	0.5	0.6856（4）	0.25
	W1	0	0.1800（1）	0.25
	O1	0.211（1）	0.102（1）	0.943（1）
	O2	0.250（1）	0.374（1）	0.393（1）

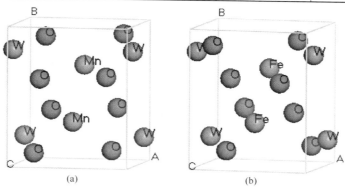

图 3-1 MnWO₄与 FeWO₄的单晶模型示意图

（a）MnWO₄；（b）FeWO₄

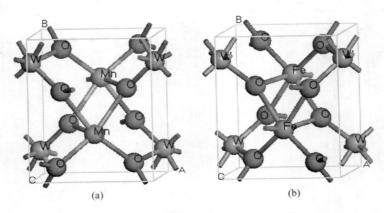

图 3-2 $MnWO_4$ 与 $FeWO_4$ 优化单晶模型示意图

（a）$MnWO_4$；（b）$FeWO_4$

由图 3-2 可知，$MnWO_4$ 和 $FeWO_4$ 单晶中的 W 原子与周围的 4 个 O 原子组成钨氧八面体，同时 Mn 或 Fe 原子也与邻近的 4 个 O 原子组成两个锰氧八面体（或铁氧八面体）。值得注意的是，可以明显地看到 1 个氧原子与周围其他 3 个原子均有成键趋势（当氧原子与邻近的原子的间距在成键距离之间，则有成键的可能），这难以用传统价键理论来解释，因此需使用键布居数来描述成键现象。

3.2 $FeWO_4$ 与 $MnWO_4$ 晶体表面特性

3.2.1   晶体模型的优化

单晶模型是后续研究晶体解理面及更多吸附现象的基础，因此必须保证建立单晶模型的准确性和可靠性。单晶模型的建立首先需将单晶模型进行几何优化，优化后的晶格参数必须与实际试验数据结果相近，同时单晶模型的几何优化也有利于提高后续计算效率。

几何优化主要采用收敛测试的方法。对于具重复结构的规则模型，常使用 Castep 模块和 Dmol3 模块进行几何优化。但由于 $FeWO_4$ 含有铁原子，Dmol3 模块对于铁簇模型的优化效果非常差，故只能选择 Castep 模块。事实上，收敛测试过程中也尝试过采用 Dmol3 模块进行优化，然而优化过程甚至无法通过初始的自洽阶段。

收敛测试主要考虑截断能、K 格子密度及计算函数的选择。经过多次收敛测试，在给定的收敛条件下晶格参数的模拟结果满足与实验值误差在 5% 以内，则模拟结果可靠性较高。详细的收敛参数设置及测试结果见表 3-3~表 3-5。

表 3-3 晶格几何优化收敛测试参数

计算参数		MnWO₄	FeWO₄
	模块	Castep	Castep
	函数	GGA-PW91	GGA-PW91
	Energy/eV·atom^{-1}	1×10^{-5}	1×10^{-5}
	Max. force/eV·Å^{-1}	0.03	0.03
收敛条件	Max. stress/GPa	0.05	0.05
	Max. displacement/Å	0.001	0.001
	截断能/eV	450	700
	布里渊 K 格子值	5×4×5	5×4×5
	赝势	超软赝势	超软赝势
	算法	BFGS	BFGS
	自旋极化	是	是

表 3-4 FeWO₄晶格参数计算值、实验值及相对误差

晶格类型		晶格参数与相对误差					
		a/Å	δ/%	b/Å	δ/%	c/Å	δ/%
FeWO₄	实验值	4.753	1.08	5.72	0	4.968	0.07
		4.75	1.02	5.72	0	4.97	0.03
		4.73	0.6	5.703	0.3	4.952	0.39
	计算值	4.70158	—	5.71998	—	4.97142	—

晶格类型		晶格参数与相对误差					
		α/(°)	δ/%	β/(°)	δ/%	γ/(°)	δ/%
FeWO₄	实验值	90	0	90.08	0.5	90	0
		90	0	90.17	0.4	90	0
		90	0	90	0.59	90	0
	计算值	90	—	90.53		90	

表 3-5 MnWO₄晶格参数计算值、实验值及相对误差

晶格类型		晶格参数与相对误差					
		a/Å	δ/%	b/Å	δ/%	c/Å	δ/%
MnWO₄	实验值	90	0	90.18	1.15	90	0
		90	0	89.12	2.35	90	0
		90	0	90.14	1.19	90	0
	计算值	90	—	91.215	—	90	—

续表 3-5

晶格类型		晶格参数与相对误差					
		$\alpha/(°)$	$\delta/\%$	$\beta/(°)$	$\delta/\%$	$\gamma/(°)$	$\delta/\%$
MnWO₄	实验值	4.8238	0.65	5.7504	1.66	4.9901	1.06
		4.82	0.73	5.76	1.49	4.97	1.47
		4.83	0.52	5.7603	1.49	4.994	0.98
	计算值	4.85513	—	5.845902	—	5.04304	—

由表 3-3~表 3-5 的结果可知，模拟的可靠性非常高，所有计算晶格参数与实验值的相对误差控制在 3% 以内。值得注意的是，在收敛测试过程中，自旋极化是一个非常重要的参数。表 3-6 给出了不考虑自旋极化的模拟结果，结合图 3-3 可以更直观地看出，不考虑自旋极化的 MnWO₄ 晶格几何优化结果与实验值偏差较大，晶格出现变形，而 FeWO₄ 晶格几何优化收敛测试失败，计算值在收敛域值范围外大幅度震荡无法完成自洽。

表 3-6　自旋极化对晶格参数值的影响

晶格类型		晶格参数					
		$a/Å$	$b/Å$	$c/Å$	$\alpha/(°)$	$\beta/(°)$	$\gamma/(°)$
MnWO₄	考虑自旋极化	4.855133	5.845902	5.043044	90	91.215	90
	不考虑自旋极化	4.636887	5.689252	4.976611	90	90.04131	90
FeWO₄	不考虑自旋极化	几何优化失败					

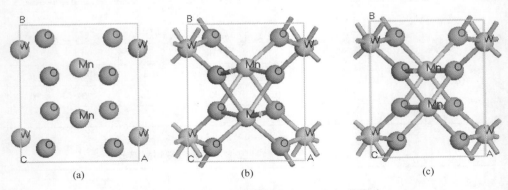

图 3-3　自旋极化对晶格构型（MnWO₄）的影响

（a）实验值；（b）考虑自旋极化；（c）不考虑自旋极化

一般来说，在计算模型的磁性性质时才考虑自旋极化，因为自旋极化对体系的磁性影响效果显著，而在做晶格几何优化计算时一般不考虑自旋极化，可以大大提高计算效率。但是 MnWO₄ 及 FeWO₄ 晶体由于含有过渡金属元素 Mn 及 Fe，其电子 d 轨道的空轨道较多，容易与 [WO₄] 基团组成配位化合物，出现比较复杂的轨道杂化现象[236~239]，此时轨道杂化对成键的影响可能引起晶格参数的变化。

　　为了验证几何优化后的晶体模型是否与实际矿物晶体具有相似的物理性质，对模型的能带结构进行了计算，计算结果如图 3-4 和图 3-5 所示。

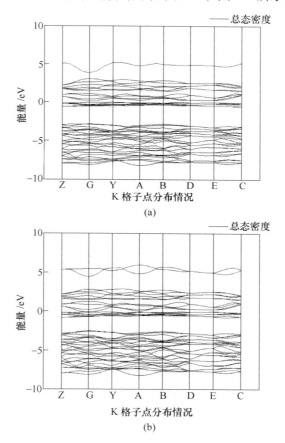

图 3-4　不考虑自旋极化的 MnWO₄/FeWO₄ 晶体能带图
（a）MnWO₄；（b）FeWO₄

　　通过比较图 3-4 及图 3-5 的结果可以看出，在不考虑自旋极化的情况，MnWO₄ 和 FeWO₄ 的能带图均未出现明显的能带隙（band gap），这不符合 FeWO₄、MnWO₄ 都是半导体的客观现实，实验室测得的 FeWO₄ 能带隙平均约为 2.4eV，MnWO₄ 的能带隙在 1.14~3.0eV。还有人在 AF 态下通过 LDA+U 方式计算的 MnWO₄ 能带隙为 2.16eV，而不使用+U 的方式计算则为 1.19eV[233,238~240]，不过未

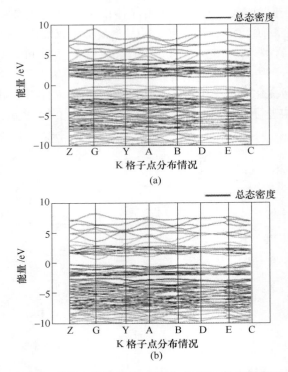

图 3-5　考虑自旋极化的 $MnWO_4/FeWO_4$ 晶体能带图

(a) $MnWO_4$；(b) $FeWO_4$

见到有 $FeWO_4$ 的量子化学计算能带隙的数据。此处计算能带隙的方式采用 GGA-PW91 方法，未考虑到+U 参数，所得的结果能带隙值在 1eV 左右，与文献中的实验值数据接近。这说明只有考虑了自旋极化的晶体模型才能比较接近于实际晶体的特征。

3.2.2　(010)、(100)、(001) 表面模型的建立和优化

要得到表面模型，需要将几何优化后的晶体模型切面，然后在切面上方增加真空层得到一个晶体块模型（slab），最后将晶体块进行表面弛豫处理得到表面模型。由于在 MS 中，组成晶体模型的最小重复结构单元是单胞，因此当晶体模型做切面处理后将得到以晶体块为最小重复结构单元的表面模型。整个表面模型的制作示意图如图 3-6 所示。

表面模型在反映晶体表面特性的同时也需要考虑到本身符合晶体内部特征，因此晶体块模型一般需要足够的原子层数，以保证其同时具备晶体内部和表面的特征。原子层数偏少则无法准确反映晶体特征，过多则极大的影响模型的计算效

率。因此需要对晶体块模型进行收敛测试来确定最合适的原子层数。

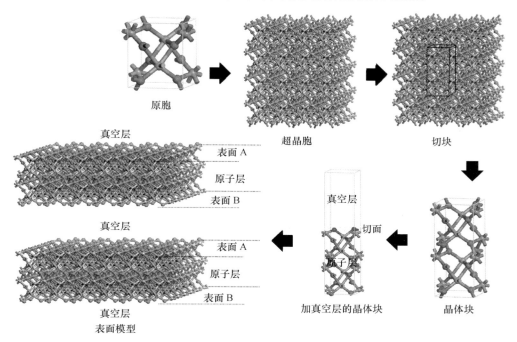

图 3-6　表面模型的制作示意图

从图 3-6 不难看出，表面模型通常具有一定厚度的真空层与原子层，同时还具有上下两个表面。真空层的作用主要是避免空间中上下表面模型相邻的表面原子之间的"极化效应"[241]，一般设为 10Å ~ 20Å。而原子层的厚度对整个模型的准确性起决定性作用。沿某一确定方向切面，晶体块原子层中原子排列方式有较大区别，因而晶体块模型的上下有可能出现不同的终端面。为了消除由上下表面原子层不同引起的静电偶磁矩的干扰，原子层的取值常使其成为上下表面对称的表面模型。这种表面模型有时符合化学计量特征，有时则不具备化学计量特征。符合化学计量特征的晶体块表面能计算公式[241~243]为：

$$E_{sur} = (E_{slab} - nE_{bulk})/2S \tag{3-1}$$

式中，E_{slab} 为经弛豫后 slab 的生成焓；E_{bulk} 为单个晶胞生成焓；n 为晶胞个数；S 为表面积；2 则表示有上下两个终端面。

对于非化学计量的 slab 模型，一般处理方法为，分别计算两个具互补终端面且上下终端面一致的 slab 模型的表面能，通过式（3-2）来计算最终的表面能[244~246]

$$E_{sur} = (E_{slab1} + E_{slab2} - nE_{bulk})/4S \tag{3-2}$$

式中，E_{slab1}、E_{slab2} 分别为两个互补模型各自的生成焓；n 表示两种模型中一共所包含的晶胞个数；S 为表面积；4 则表示两种模型的 4 个终端面。

　　表面模型完成之后需对表面进行弛豫。由于切开的表面原子存在大量的悬垂键，经过表面弛豫后，表面原子之间键合关系发生变化，出现重构的表面。但是表面重构对暴露在真空一侧的原子影响较大，对晶体内部的原子排列影响较小。当原子层具有足够的厚度时，晶体模型就会呈现出"表面态"和"内部态"两种特征。晶体块模型在真空中的弛豫一般有 3 种处理方法[241,247]：（1）将模型上表面层原子弛豫，其余层的原子全部固定，这种弛豫方法由于使得 slab 模型的上下两端不对称，容易引起静电偶极磁矩，影响结果；（2）将模型的上下表面层原子弛豫，固定中间层的原子，这种方法虽然不会产生静电偶极磁矩，但是需要较多的原子层数，因而增大计算量；（3）将整个模型弛豫，最后根据中间层原子位移的震荡幅度来判断弛豫效果，若中间层原子的位移震荡幅度较小（1%），则可认为中间层形成了内部特性，而其余原子层则具备了表面性质。为了客观反映晶体的特征，减少不必要的计算量以提高计算效率，本节首先选择第（3）种弛豫方法，确定了组成表面的所需要的原子层数之后，再使用第（2）种方法，固定一定层数的中间层原子用以模拟晶体内部特性，可以提高计算效率。

　　由于切面方向不同，切面原子层的排列差异较大。沿（010）方向的 slab 原子层排列顺序形如 AABBAABB……WO_2-WO_2 与 MO_2-MO_2（M 表示 Mn 或 Fe 原子，本节的图中 M 均以 Mn 原子作为示例）交替重复出现，如图 3-7 所示。这样的排列将导致 WO_2-WO_2（…BBA│ABB…）、MO_2-MO_2（…AAB│BAA…）及 MnO_2-WO_2（…ABB│ABB…）3 种切面方式的出现，其中 WO_2-WO_2（即（010）-A）与

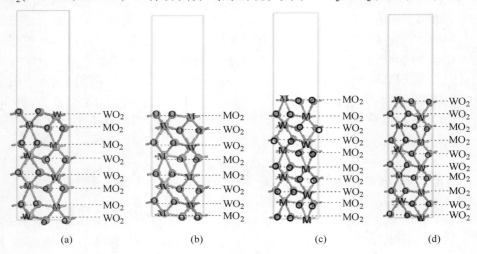

图 3-7　（010）面 slab 模型示意图

（a）WO_2-WO_2(010)slab 模型（010）-A；（b）MO_2-MO_2(010)slab 模型（010）-C；

（c），（d）MO_2-WO_2(010)slab 模型（010）-B

MnO₂-MnO₂ slab 模型（即（010）-C）为符合化学计量数规则的模型，而 MO₂-WO₂ slab 模型（即（010）-B），若按照化学计量数规则取 4 的整数倍层（因为一个原胞模型包含 4 层原子层），则会出现上下两个表面的原子层互补的情况，这有可能引起静电偶极磁矩从而影响计算结果准确性。因此，根据前面讨论的计算方式，（010）-A 与（010）-C 模型均采用端面等同模型，原子层数为 8 层，（010）-B 模型采用两个互补的端面等同型的 10 层模型。（010）的所有模型示意图如图 3-7 所示。

　　（001）与（100）面的弛豫现象与（010）面完全不同，如图 3-8 所示。沿着（001）方向切面，仍然可以得到两种不同的端面，一种是切断 4 个 O—O 键，即去掉［WO₄］及［MnO₄］八面体顶端的两个氧原子（（001）-A），另外一种需切断 3 个 W—O 及 3 个 Mn—O 键，即切开［WO₄］八面体与［MnO₄］八面体露出Mn 及 W（（001）-B）。显而易见，由于 4 个 O—O 键能要小于 3 个 W—O 及 3 个 Mn—O 键能，得到第一种切面所需能量要小于得到第二种切面所需能量，可以预测前者稳定性要高于后者。通过计算后可知，第一种切面经弛豫后可得到一个表面层原子发生较大程度重构的模型，而第二种切面在整个弛豫过程中，能量始终呈震荡状态，以至最终计算结果无法收敛。导致第二种切面弛豫现象出现的原因，主要是暴露在表面层的 W 及 Mn 原子上存在较多的悬挂键（dangling bond）[241]。原子上存在较多的不饱和键时，原子活性较高，并且由于原子层结构中 W 与 Mn 原子在空间上相隔的距离较远，二者也难以成键，因而这样的原子形成的表面具有较高的活性，较不稳定。沿着（100）方向切面时，必须切断 6 个 W—O 键或者 6 个 Mn—O 键，使得 2 个 W 或者 2 个 Mn 原子暴露在真空层中。根据前面所述，可以推测这样的切面稳定性同样较差。而计算的结果与（001）第

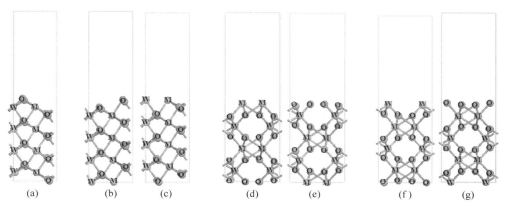

图 3-8　（001）面及（100）面 slab 模型示意图
(a)（001）-A；(b)（001）-B₁；(c)（001）B₂；(d)（100）A₁；
(e)（100）-A₂；(f)（100）B₁；(g)（100）B₂

二种切面类似，均无法达到收敛。最终分别得到沿 3 个解理面方向做切面，优化前后的表面模型如图 3-9 所示。

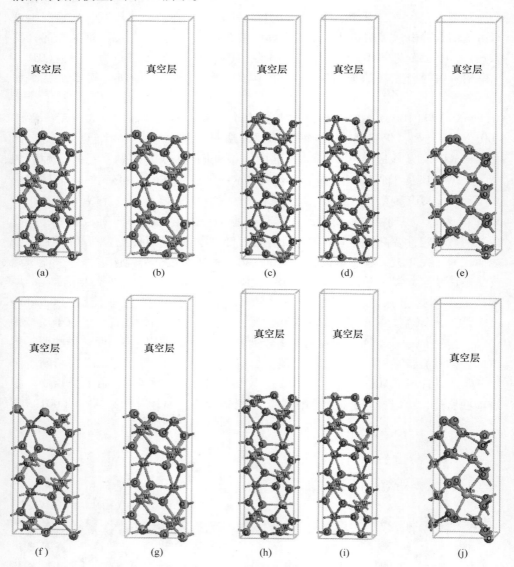

图 3-9　（010）、（001）面 slab 模型优化前后示意图

（a）优化前，（010）-A 面；（b）优化前，（010）-C 面；（c），（d）优化前，（010）-B 面；

（e）优化前，（001）-A 面；（f）优化后，（010）-A 面；（g）优化后，（010）-C 面；

（h），（i）优化后，（010）-B 面；（j）优化后，（001）-A 面

slab 模型沿某方向弛豫后，各层原子将在对应方向上发生位移。图 3-10 分别

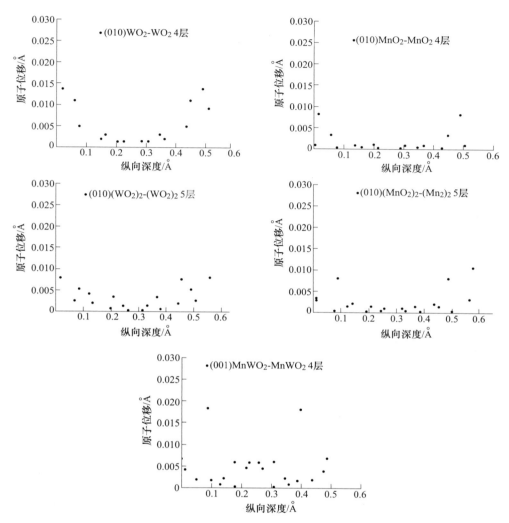

图 3-10   各层原子弛豫后原子位移 Δz_i 与原子层厚度的关系

列出了沿着不同方向弛豫后 slab 各层原子的原子位移 Δz_i 与原子层厚度的关系。原子位移 Δz_i 定义为[246,248,249]：

$$\Delta z_i = \left| z_i - z_{i,\text{bulk}} \right| \tag{3-3}$$

式中，z_i 为经过弛豫后的第 i 层原子的坐标；$z_{i,\text{bulk}}$ 为经几何优化后但未弛豫前相对应第 i 层原子的坐标。

由图 3-10 可以看出，在相对应的原子层数下，slab 的中间层数均表现出了较小的原子位移，与晶体内部的原子层分布情况相近，而外侧原子位移幅度较大，体现表面态的特点。这说明图 3-10 中模型的厚度（层数）已经足够反映出表面特性。

3.2.3　晶面表面能大小的比较与表面生成概率的关系

$MnWO_4$ 与 $FeWO_4$ 3 个解理方向的表面模型经几何优化后，通过 3.2.2 节中的表面能计算方法，得到的表面能结果见表 3-7。

表 3-7　$MnWO_4$、$FeWO_4$ 各解理面表面能的计算结果

表面类型	表面能/J·m			
	$MnWO_4$	$FeWO_4$	$MnWO_4$（平均值）	$FeWO_4$（平均值）
(010)-A	1.3537	2.5143		
(010)-B1	5.5908	6.8473	2.5457	3.4267
(010)-B2				
(010)-C	0.6926	0.9186		
(001)-A	1.6228	2.8964		
(001)-B1	4.4784	6.1233	3.0506	4.5099
(001)-B2				
(100)-A1	4.0291	4.9334		
(100)-A2			4.2777	5.1627
(100)-B1	4.5262	5.3920		
(100)-B2				

表面能的大小最直观反映出的表面特性是化学活泼性。表面能越大，代表该表面的化学活泼性越强，越容易与外来粒子反应。同时还说明该表面的化学热力学稳定性较低，表现在热力学固态相变过程中，表面能越低的表面越容易生成[250,251]。但这一规律无法解释粉碎过程中固体颗粒表面的生成规律，主要是因为粉碎过程中固体颗粒表面的生成除与生成表面有关，还与颗粒整体的机械性能有关。根据现有的破碎理论[252,253]，裂缝假说综合了面积假说与体积假说中颗粒形变能和表面能两者对破碎的影响。这一理论在对于破碎颗粒尺寸较大时，能够较好地满足客观现实，但是随着颗粒尺寸的不断减小，误差逐渐增大。其主要原因是微细粒级颗粒的粉碎过程中，破碎功的损耗主要来自颗粒新表面生成所需的表面能，颗粒的机械形变能所占比例越来越小。此时，可以推测微细粒颗粒表面的生成与表面能有很大关系。表面能越小，说明生成该表面所需要的外界能量越小，因此粉碎过程中越有利于该表面的生成，该表面生成后的稳定性也越高，但由于在粉碎过程中，外界机械作用力的方向和大小都是随机的，在粉碎过程中生成表面的过程不可能像热力学相变过程一样绝对，因此粉碎颗粒的表面形成规律应与表面能的大小有对应的变化趋势。

　　MnWO₄及FeWO₄的3个解理面（010）、（100）、（001）在坐标空间是两两相互垂直的面，根据表3-7给出的3个低指数面方向共7种切面的表面能计算结果中，按表面能从低到高排列前是（010）-C<（010）-A<（001）-A<（100）-A<（100）-B<（001）-B<（010）-B。排在前三位的表面能大小较为接近，而从（100）-A面开始，表面能成倍增加。其中，有（010）方向C、A面及（001）方向的A面，这表明在MnWO₄及FeWO₄晶体破碎生成解理面的过程中主要生成的表面可能是（010）面，其次为（001）面，（100）面的出现概率最小。（010）方向中表面能最低的面为C面，即暴露出两个悬挂键的Mn/Fe及O原子的端面，其次为A面，暴露出两个悬挂键的W及O原子；（001）-A面则是分别暴露出一个悬挂键的Mn/Fe及一个悬挂键的W原子。

　　除了3个解理面各自的表面能呈现显著差异之外，MnWO₄与FeWO₄两种晶体的同一类解理面的表面能也有较大差异。FeWO₄的晶体表面能要高于MnWO₄，这说明FeWO₄的各表面活性要高于MnWO₄，对外界金属离子的吸附行为可能会产生一定的影响。

3.3　黑钨矿晶体（Fe，Mn）WO₄表面特性

　　根据3.2节对表面模型的几何优化结果可以看出，组成晶体表面并显示出表面态特征的原子仅为靠近真空层的少数原子层，表面弛豫并不会深入影响到晶体内部原子的分布特征。矿物在浮选过程中，矿物晶体与浮选药剂作用过程主要发生在矿物的表面，因此矿物颗粒的浮选性能主要受晶体表面的特性影响，但晶体内部构形直接影响晶体的构造，对表面特性的影响表现在空间构形上。因此在建立掺杂超晶胞模型时仍然需要考虑晶体整体构形对晶体表面的影响。

3.3.1　掺杂超晶胞模型的建立和优化

　　在3.2节中分别计算了FeWO₄和MnWO₄晶体的原胞模型，可知两种晶体之间的晶体构形非常接近。现在为了判断将Fe与Mn互相掺杂之后是否会对晶体构形产生影响，需要构建一个具有一定比例Fe/Mn的超晶胞模型。由于自然界中黑钨矿晶体Fe/Mn原子比例并不是稳定不变值，因而无法采取定量的手段建立所有Fe/Mn比例的黑钨矿晶体模型；并且由于晶体的表面特性是由表面的局部原子决定，并非由晶体整体的Fe/Mn比例决定，即处于晶体"内部态"的原子Fe/Mn比不会影响晶体表面特征。所以超晶胞掺杂模型的作用仅仅是说明掺杂原子是否影响到晶体各表面的空间构形。为了实现这一目的，书中采用了Fe/Mn为1:1的超晶胞模型分别来代表黑钨矿晶体。每个超晶胞含有原胞个数为2×2×2＝8个，如图3-11所示。

　　几何优化后的掺杂超晶胞模型如图3-12所示。

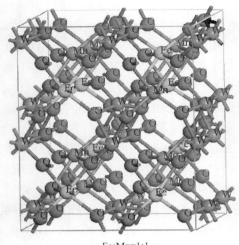

Fe:Mn=1:1

图 3-11　铁锰比为 1 : 1 的掺杂超晶　　　　图 3-12　优化后的 Fe : Mn = 1 : 1 黑钨
　　　　　胞模型　　　　　　　　　　　　　　　　　矿超晶胞模型

　　对比前后超晶胞的晶体参数可知（见表 3-8），掺杂之后的晶体构形内夹角出现轻微的变化，其余参数的变化恰好在钨锰矿与钨铁矿晶体参数范围之内，并未发生太大的改变，这说明晶格掺杂原子并不会对晶体的构形产生显著影响，而掺杂超晶胞的晶格参数正好处于钨锰矿与钨铁矿之间，预示着掺杂晶体的"内部态"可能具有趋于钨铁矿、钨锰矿两者之间的物理、化学性质。

表 3-8　黑钨矿同质类象超晶胞晶体参数对比

超晶胞类型	晶 胞 参 数					
（2×2×2）	a/Å	b/Å	c/Å	α/(°)	β/(°)	γ/(°)
钨锰矿	9.710265	11.691805	10.086087	90	91.21507	90
黑钨矿	9.54504	11.557779	10.02093	90.52911	90.6234	90.61555
钨铁矿	9.420371	11.462278	9.945005	90	90.52476	90

3.3.2　掺杂晶面模型的建立和优化

　　仔细观察图 3-12 可以发现，对掺杂超晶胞做不同方向切面时，并不能保证所得的切面局部铁锰原子比例就一定与原晶体所含铁锰比一致，事实上，实际黑钨矿晶体内部的铁锰取代是随机的，理应不具有固定的分布。但对于切面的局部而言，当某一小块"局部切面"铁（锰）原子密集时，此块"局部切面"就具有了钨铁（锰）矿表面的性质。再从晶胞整体的晶体构形来看，任意比例的 Fe、

Mn 原子相互掺杂均不会对黑钨矿晶体的整体构形产生显著影响，因此最终只需要考虑建立固定铁锰比的不同方向的表面模型即可。这类模型的目的是：（1）判断掺杂原子对组成"表面态"的原子层构形是否会产生影响；（2）用作后续模拟外来粒子在晶体表面吸附的基底。而对外来离子吸附现象的模拟，有一个重要因素就是判断当晶体表面同时暴露出 Fe 和 Mn 原子时外来离子的吸附行为特征。所以，此处将表面层原子铁锰比固定为 1∶1，并保证直接暴露在真空中的一层原子铁锰比为 1∶1，即表面层同时存在可供吸附的铁锰质点。分别对（010）、（100）、（001）方向做切面模型再经表面弛豫后得到弛豫后的表面能结果见表 3-9。

表 3-9 掺杂晶体各解理面表面能计算结果

表面类型	表面能/J·m⁻¹	
	（Mn，Fe）WO₄	（Mn，Fe）WO₄（平均值）
（010）-A	2.40237	3.05081
（010）-B1	5.63881	
（010）-B2		
（010）-C	1.11124	
（001）-A	2.426031	3.82193
（001）-B1	5.21784	
（001）-B2		
（100）-A1	8.68121	7.547905
（100）-A2		
（100）-B1	6.4146	
（100）-B2		

从表 3-9 的结果总的来看，掺杂晶面表面能的从小到大排列与 MnWO₄ 及 FeWO₄ 晶体类似，依次是（010）面 >（001）面 >（100）面，具体从小到大排列是（010）-C >（010）-A >（001）-A >（001）-B >（010）-B >（100）-B >（100）-A，表面能最小的 3 个切面依然为（010）-C、（010）-A、（001）-A，其表面能远远小于其余 4 个面，由此可以确定，黑钨矿的表面特性主要由（010）-A、（010）-C、（001）-A 这 3 个表面的性质所影响。

经弛豫后，暴露在真空中的原子，由于悬垂键的存在，使得表面层发生了一定程度的重构，这与不掺杂的钨锰矿或钨铁矿晶体相类似。而掺杂后的晶体中锰原子弛豫程度要大于铁原子，在晶体结构中表现为弛豫前后，锰原子偏离原坐标的距离要大于铁原子，这一现象在（010）-A、（010）-C、（001）-A 3 个表面弛豫后均存在，且（010）-A 面尤其明显（见图 3-13~图 3-15）。

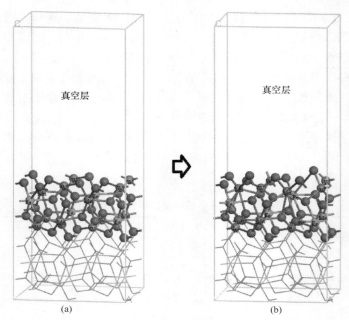

图 3-13　　(010)-A 面 slab 模型弛豫前后示意图

(slab 模型的表面四层原子采用球棍模型表示，内部四层原子采用棍棒模型表示，

小球模型标有对应原子字母，未标明字母的均为氧原子，下同)

(a) 弛豫前；(b) 弛豫后

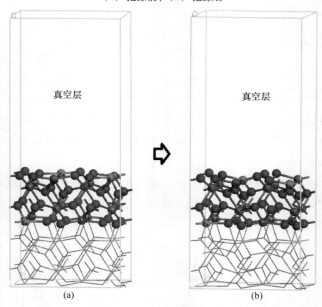

图 3-14　　(010)-C 面 slab 模型弛豫前后示意图

(a) 弛豫前；(b) 弛豫后

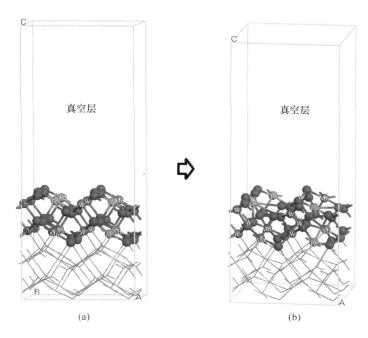

图 3-15   (001)-A 面 slab 模型弛豫前后示意图
(a) 弛豫前；(b) 弛豫后

通过分析(010)-A 面弛豫前后表面层原子 Fe—O、Mn—O 的键长及 Mulliken 布居数（见表 3-10）可以发现，Fe—O 的 6 个键中有 5 个键长均在 2.1Å 左右，而有一个键长为 2.37352Å，且其 Mulliken 布居数要略微低于其余 5 个键，可见该键的成键强度要弱于其余键。经弛豫后发生了非常大程度的拉伸，O 原子受到相邻 W 原子的作用远离 Fe 原子，导致 Fe—O 键断裂，使 Fe 原子表面出现悬挂键，从而导致其余 5 个 Fe—O 键的加强，键长缩短使得 Fe 原子被拉向晶体内部；另一方面，Mn 与 O 的作用关系则恰好相反，Mn—O 键中有两个与 Fe 原子相邻的键，键长为 2.29Å 左右，略微长于其余 4 个键，且布居数也较其他 4 个小，与 Fe—O 键相类似的，这两个键的成键强度要弱于其余 4 个键。当弛豫时，同样受到相邻 W 原子的拉伸作用，但这两个较弱的键位于晶体一侧，发生拉伸后使得 Mn 原子有远离晶体内部朝向真空层移动的趋势，与 Fe 原子的移动趋势正好相反，从而导致表面层中暴露出 Mn 原子而 Fe 原子则"陷入"晶体内部。但同样的弛豫现象并未在其余两个解理面中表现那么显著，这主要与表面原子的断键方式有一定的关系。

表 3-10　掺杂晶体（010）-A 面键长与键布居数

成键类型	弛豫前	弛豫后	
	键长/Å	键布居	键长/Å
Fe-O1	2.10861	0.32	1.97701
Fe-O2	2.37352	0.20	4.34968
Fe-O3	2.04688	0.24	2.05539
Fe-O4	2.18407	0.22	2.04642
Fe-O5	2.10356	0.21	1.98126
Fe-O6	2.14959	0.22	1.98352
Mn-O1	2.14734	0.28	2.22099
Mn-O2	2.14361	0.28	2.2617
Mn-O3	2.16047	0.21	2.0851
Mn-O4	2.29407	0.15	2.77106
Mn-O5	2.29939	0.16	2.63158
Mn-O6	2.15172	0.21	2.07627

综合 $MnWO_4$、$FeWO_4$ 与掺杂晶体的优化结果，从各方向表面原子的弛豫程度来看，三种晶体模型反映出同样的表面特点，即（010）面的弛豫程度最弱，晶体表面的重构程度也最低；（100）面弛豫程度最强，表面活性较高，稳定性很差。而（001）面的弛豫程度则介于上述两者之间。

3.3.3　晶面表面能大小的比较与表面生成概率的关系

在 3.2 节分析 $MnWO_4$、$FeWO_4$ 晶体表面能的特点时已经提到过表面能的大小极有可能与矿石粉碎后的颗粒形状及表面特征有关系，并且矿石粒级尺寸越小，表面能的影响作用越明显，而掺杂晶体也与 $MnWO_4$、$FeWO_4$ 晶体表现出同样的表面能特性。因此为了证明这一假设，本节采用体视显微镜对不同粒级的黑钨矿单矿物颗粒进行观测。

待观测的矿样取自粒级均匀分布在 $-2mm+0.074mm$ 之间的黑钨矿单矿物经陶瓷球磨机磨矿后筛分水析的产品，由于体视显微镜的放大倍数限制，取筛分水析产品 $-74\mu m+50\mu m$、$-50\mu m+40\mu m$、$-40\mu m$ 3 个粒级在体视显微镜下放大 100 倍后的照片如图 3-16 所示。

从图 3-16 中的照片可以明显看到，$-74\mu m+50\mu m$ 粒级的矿石中形状不规则的块状颗粒占有比例较大；随着矿物粒级下降，$-50\mu m+40\mu m$ 粒级板状矿物颗粒占有比例逐渐增加，且矿物晶体表面解理良好；到 $-40\mu m$ 粒级时，矿物颗粒

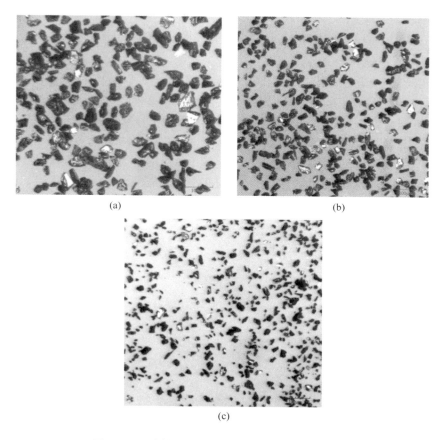

图 3-16　不同粒级黑钨矿单矿物体视显微镜照片
（a）-74μm+50μm；（b）-50μm+40μm；（c）-40μm

晶形分布特征正好验证了之前对矿物解离面及矿物晶体形状的假设，即随着颗粒尺寸不断减小，颗粒表面能的大小对破碎解理面的生成起到主导作用时，颗粒的表面生成情况按照表面能的大小比例会导致沿着（010）和（001）面解理的颗粒增多，从而出现越来越多的板状或者片状的颗粒。

　　由掺杂晶体、钨铁矿及钨锰矿各晶体表面能的计算结果可知，（010）面在3个表面中具有最小的表面能，（001）次之，表面能最大的为（100）面，这一规律与钨铁矿、钨锰矿的表面能大小一致。其中，掺杂的（010）面表面能介于钨铁矿和钨锰矿之间，而掺杂的（001）及（100）面表面能则更接近于钨铁矿。这一现象表明，黑钨矿中由于原子掺杂的缘故，扩大了（010）面与（001）、（100）面的表面能差异，使得（010）面相比于其他两面更易于生成，从而在破碎产品出现板状或片状的颗粒概率增加。

3.3.4　黑钨矿单矿物晶体 XRD 图谱分析

物质的 X 射线衍射不仅能够对物质所含的具体物相进行定性分析，还能确定晶体物质的晶体结构参数，包括晶胞参数、晶体取向等。

X 射线在晶体结构研究中的应用主要通过 X 射线在晶体中产生的衍射现象，其衍射现象遵循一个重要定律，即布拉格定律，它是将晶体视作由多个平行的原子层面堆积而成，当 X 射线照射在晶体表面时，由于 X 射线为短波辐射，穿透能力强，不仅能在晶体的表面原子层引起衍射现象，还能透过表面层引起内部的原子层的衍射现象，在这种情况下，多个平行面层的衍射出现相互叠加干涉，形成最终的衍射线，布拉格反射原理示意图如图 3-17 所示。

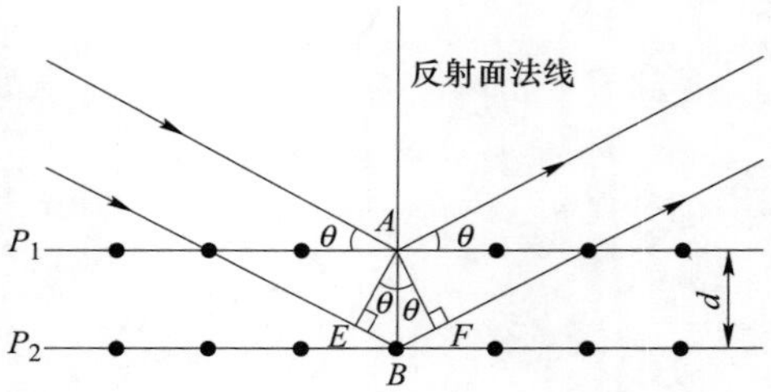

显而易见，只有当晶体中两个相邻面的原子散射波的反射相位差正好相差 2π 或 2π 的整数倍时，才能得到干涉加强的衍射波，由此可得到布拉格公式，即

$$2d\sin\theta = n\lambda \qquad (3-4)$$

图 3-17　布拉格反射示意图

式中　d——被测晶体的面间距；

　　　θ——入射线或反射线与反射面的夹角，又称为半衍射角，而 2θ 则称为衍射角；

　　　n——只能取整数，称为反射级数；

　　　λ——X 射线的入射波长。

这是 X 射线在晶体产生衍射的基本条件，反映了衍射线方向（位置）与晶体结构的关系。

X 射线衍射仪的工作原理是由 X 射线发生器发出入射波波长一定的 X 射线，在选定的 2θ 范围内（一般是 20°~100°）以一定的速度持续扫描各衍射角，并得到对应的衍射强度 I，由布拉格公式，λ 与 θ 已知，则可得到层间距 d 值，因此 d 值反映了衍射线的位置。

任何一种结晶物质都具有特定的晶体结构，特定的晶体结构则对应特定的衍射线位置及衍射强度，为了便于在衍射图谱中区别不同结晶物质类型，将不同结晶物质的试样测得的 d 和 I 的数据组记录在 pdf 卡片中，使用时通过比对待测样的衍射图谱与卡片的标样图谱，校核筛选排除干扰的谱线，最终能鉴定出待测样的物相，这是 X 射线衍射分析的普遍方法。由于鉴定过程步骤多，筛选较为烦琐且多为简单重复工作，因此科研人员常借助于各种计算机分析软件进行图谱的物相鉴别。

衍射峰强度是衍射谱线的重要特征。对于多晶体粉末衍射而言，由于粉末试样中含有较多的晶粒，且晶粒的取向是任意分布的，影响衍射峰的积分强度的因素有很多，例如洛伦兹-偏振因子 $\phi(\theta)$、温度因子 e^{-2M}、结构因子 F、晶面簇的多重因子（等同晶面数 P）、吸收因子 $A(\theta)$ 等，因此在距离试样 R 处的单位长度衍射线的积分强度公式为：

$$I = I_0 \frac{\lambda}{32\pi R} \left(\frac{e^2}{mc^2}\right)^2 \frac{V}{V_c^2} P \mid F \mid^2 \phi(\theta) A(\theta) e^{-2M} \tag{3-5}$$

假如粉末试样是单一物质，且晶粒尺寸均匀，那么式（3-5）中，洛伦兹-偏振因子 $\phi(\theta)$、温度因子 e^{-2M}、吸收因子 $A(\theta)$ 以及 $I_0 \frac{\lambda}{32\pi R} \left(\frac{e^2}{mc^2}\right)^2 \frac{V}{V_c^2}$ 对积分强度的影响效果相对而言等同于常数，此时影响峰强度取决于 P 和 F，即结构因子和等同晶面数，这两个因素则由晶粒的择优取向决定。例如，当 X 衍射谱线上 2θ 某个角度出现晶面取向的衍射峰时，说明试样中具有此类晶面取向的颗粒数占有优势，峰强度越强则具有该晶面取向的颗粒占有比例越大。根据这一规律，从 X 衍射谱线中能够很容易地判断出晶体颗粒的优势晶面取向。这也是本节利用 XRD 谱线分析黑钨矿晶粒的优势解理面的理论依据。

将 4 种黑钨矿单矿物的 XRD 谱线数据导入软件 jade 6.5 中，经过与标样 pdf 卡片比对，扣除背景谱线，经过曲线平滑后进行全峰拟合，可得到计算后的平均晶胞参数值以及处理后的谱线，见表 3-11 及图 3-18。

表 3-11　4 种单矿物晶胞参数 XRD 测量平均值与钨锰矿、钨铁矿计算值的对比

晶体类型	晶　胞　参　数					
	$a/\text{Å}$	$b/\text{Å}$	$c/\text{Å}$	$\alpha/(°)$	$\beta/(°)$	$\gamma/(°)$
MnWO₄计算值	4.85513	5.845902	5.04304	90	91.215	90
浒坑黑钨	4.809	5.7362	4.998	90	91.03	90
锯板坑黑钨	4.7809	5.7158	4.9838	90	90.65	90
瑶岗仙黑钨	4.7612	5.7065	4.984	90	90.42	90
瑶岭黑钨	4.7654	5.7112	4.9774	90	90.46	90
FeWO₄计算值	4.70158	5.71998	4.97142	90	90.53	90

从表 3-11 中可以看到，4 种单矿物按照铁锰比从低到高排列，浒坑黑钨最接近钨锰矿晶体，瑶岭黑钨则最接近钨铁矿晶体，他们的晶胞参数随着铁含量的升高逐渐降低，即钨锰矿的晶胞体积要略微大于钨铁矿，这与模拟计算的结果相吻合，同时模拟计算的晶胞参数值也与 4 种单矿物 XRD 的测量值十分接近，证明了模拟计算的结果可靠性高。

从图 3-18 中观察到，4 种单矿物的 XRD 谱线中最强衍射峰均为（010）面或（020）面衍射结果，其中（020）所示的衍射峰为（010）取向的 2 级衍射峰，

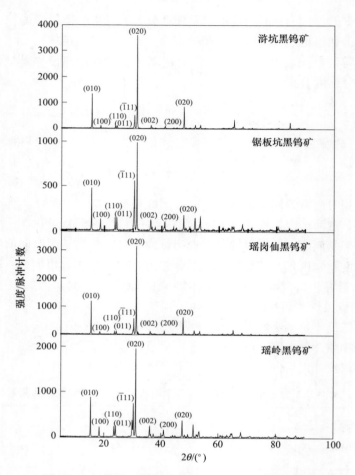

图 3-18　四种单矿物晶粒各向晶面衍射的 XRD 图谱

因为根据布拉格公式 $2d\sin\theta = n\lambda$，n 可以取多个正整数值，即只要满足两个相邻面的原子散射波的反射相位差正好相差 2π 或 2π 的 n 倍时，都可产生干涉加强的衍射花样，因此（020）与（010）代表同一个晶族取向，同理可得（001）与（002）以及（100）与（200）。图 3-18 显示，（010）晶面取向的峰强度要远大于其余的晶面取向，根据晶粒的择优取向原理，表明在试样晶粒中出现（010）面的比例要远远高于其余解理方向。这一结论同样与模拟计算结果及体视显微镜的观测结果相一致。由此可知，（010）面是黑钨矿与溶液环境中各种小分子接触并发生反应的主要面。

4 黑钨矿晶体表面与离子吸附的机理

第 3 章晶体模型主要讨论晶体和解理面在真空中自身的特性，并未涉及晶体或晶面与外界的作用。在现实的浮选体系中，矿物颗粒始终处于复杂的溶液环境，溶液中含有的各种离子从表面物理化学的角度都会对颗粒的表面产生影响，使其显示出特有的表面特性和表面现象。因此本章继续通过计算方式模拟外界溶液环境中存在的离子对黑钨矿晶体表面特性的影响。浮选溶液环境以水为主，同时还含有溶解氧及其他难免金属离子，故本章从这些粒子入手研究其与黑钨矿晶体表面的吸附现象。

4.1 晶体表面与氧分子吸附作用

根据第 3 章的模型建立及优化结果可知，黑钨矿解理面除了有可能暴露出氧原子的面，例如（010）-A 及（100）-B 面，还有可能出现（010）-C、（001）-A 及（100）-A 面这些直接暴露出铁锰原子的表面。第 3 章中结合计算模拟结果和 XRD 数据对各种晶面生成概率的结果讨论已经表明，（100）-A、（100）-B 这类表面本身具有较高的表面能，表面活性高，出现的概率较低。因此本节计算主要模拟掺杂晶体（黑钨矿晶体）（010）及（001）解理面中表面能最小的面，即（010）-C、（010）-A 及（001）-A 面，吸附氧分子的情况。

将单个氧气分子置于足够大的晶胞"盒子"中进行几何优化，得到氧气分子模型。以 3.3.2 节中建立的黑钨矿掺杂表面模型作为吸附模型基底，再将优化后的氧气分子模型放入表面模型中靠近表面吸附质点，最后进行几何优化。氧分子距吸附质点的距离应在成键范围附近，或者略微大于最大成键距离。同时，由于吸附质点原子的成键饱和度有所区别，还需要考虑氧分子与其成键的多种可能性。

4.1.1 氧分子在（010）-C 面的吸附模拟

（010）-C 面时同时暴露出 Fe 及 Mn 原子，在建立氧分子吸附模型时考虑到两种原子分别对氧分子的吸附作用可能有较大差异，因此在 Fe、Mn 原子顶位和间位不同的吸附位置放置了共 3 个氧分子，再进行弛豫。吸附模型优化前后的结果如图 4-1 所示。

弛豫前后位于 Fe 和 Mn 原子顶位的氧分子与 Fe、Mn 原子间的距离变化较小，在 Fe 原子上方由 1.787Å、1.808Å 变为 1.838Å、1.841Å，Mn 原子上方由 1.847Å、1.930Å 变为 1.877Å、1.889Å，且经过弛豫后发生了一定程度的旋转，在空间上处于更易与 Fe、Mn 原子成键的位置，而两个 O—O 双键距离也分别由 1.227Å 拉伸至 1.344Å 及 1.370Å，这表明氧分子极有可能在 Fe、Mn 原子表面发生了吸附。另一个处于间位的氧分子用于考查氧分子在 Fe、Mn 原子表面吸附的优先顺序，在弛豫前距离相邻的 Fe 和 Mn 原子距离分别为 2.480Å 和 2.476Å，几乎一致，而弛豫之后则完全移至 Fe 原子上方，两个 O 原子距离 Fe 原子分别为 1.869Å 及 1.851Å，且发生偏转，与位于 Fe 原子顶位氧分子的空间构形相近。这说明氧分子优先吸附于 Fe 原子表面。

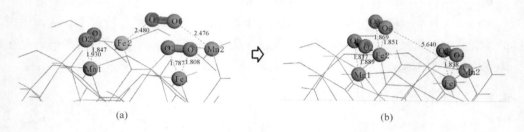

图 4-1　氧分子在（010）-C 面吸附前后示意图
(a) 弛豫前；(b) 弛豫后

　　为了证明氧分子在弛豫前后是否与 Mn 及 Fe 原子发生了键合，对可能参与键合过程的原子的差分电荷密度来进行分析。从差分电荷密度图 4-2 中可以明显地看到经弛豫后 Mn、Fe 与氧分子之间出现了显著的电子转移现象，氧原子作为电子供体，Fe 或 Mn 作为电子受体，并且在 Mn、Fe 原子表面可以看到当它们接受了电子之后，轨道电子云密度显著增加，从轨道电子云的外形可以看出成键轨道以 Fe 或 Mn 的 d 轨道和氧原子的 p 轨道为主；同时两个氧原子之间的成键作用由于部分电子迁移至铁锰原子而有一定程度的削弱。

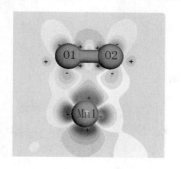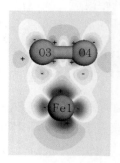

(a)

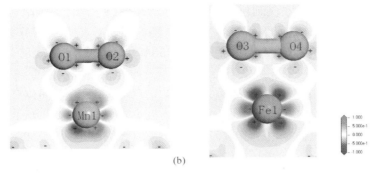

图 4-2 (010)-C 面吸附氧分子前后差分电荷密度图
（电荷密度分布区域 "+" 号表示失去电子，"-" 号表示得到电子）
(a) 弛豫前；(b) 弛豫后

在计算了吸附模型弛豫前后布居数后（见表 4-1），进一步确定了成键原子的作用关系。3 个氧分子的 O—O 键在弛豫后都发生了一定程度的拉伸伴随着布居数的下降，这表明氧原子之间成键作用的减弱，与差分电荷密度的分析结果一致；Mn、Fe 原子与近表面的氧原子之间的布居数在弛豫后都显著增大，这说明它们与氧原子之间的键合强度加强，特别地，Fe1-O3、Fe1-O4 在弛豫前布居数分别为 0.03、-0.01，呈现出微弱的共价键及反键性质，这表明 O3、O4 与 Fe1 在弛豫前没有形成稳定的化学键，弛豫之后分别变为 0.12、0.10，具有共价键特性，而 Mn1 与 O1、O2 的布居数也有增加，成键类型偏向于共价键。

表 4-1 (010)-C 面吸附氧分子前后键长及布居数变化

成键原子类型	弛豫前		弛豫后	
	布居数	键长/Å	布居数	键长/Å
O1-O2	0.38	1.227	0.35	1.370
O3-O4	0.39	1.227	0.38	1.344
O5-O6	0.47	1.227	0.37	1.347
Fe1-O3	0.03	1.787	0.12	1.838
Fe1-O4	-0.01	1.808	0.10	1.841
Fe2-O5	0.04	2.480	0.10	1.869
Fe2-O6	—	—	0.11	1.851
Mn1-O1	0.07	1.847	0.13	1.872
Mn1-O2	0.03	1.930	0.12	1.889
Mn2-O6	-0.02	2.476	—	—

除此之外，还可以观察到位于 Mn2 和 Fe2 间位的氧分子与两原子之间的联系。在弛豫前，O5-Mn2 和 O6-Fe2 之间由于相距较远，不在成键作用范围，而 O5-Fe2 与 O6-Mn2 的距离相近，分别为 2.480Å 和 2.476Å，布居值分别为 0.04 和 -0.02，说明 O5 与 Fe2、Mn2 与 O6 的电子云均有一定程度的重叠，而 Fe2 与 O5 显示出共价键成键趋势而 Mn2 与 O6 显示出反键作用，表明间位氧分子与 Fe2 原子的作用要强于 Mn2；弛豫之后可以观察到 O5、O6 均强烈地偏向于 Fe2 原子，由间位变为顶位，并生成了 Fe2-O6 键，Fe2-O5 则缩短为 1.869Å，布居数分别为 0.11 和 0.10，这表明间位氧分子最终在 Fe2 原子顶位与之发生了吸附，同时说明了氧分子在 Fe 和 Mn 原子之间的吸附过程，优先发生于 Fe 原子上，即 Fe 原子比 Mn 原子更容易与氧分子吸附，这一现象与 Fe、Mn 原子电负性规律是一致的。

4.1.2　氧分子在（010)-A 面的吸附模拟

氧分子在（010)-A 面的吸附模拟与（010)-C 面类似，使用掺杂晶面作为吸附基底，在吸附面 2 个 Fe 原子、1 个 Mn 原子的顶位及 2 个 W 原子的间位各放置 1 个氧分子，共 4 个氧分子，再进行几何优化得到弛豫表面。吸附模型的弛豫前后示意图如图 4-3 所示。

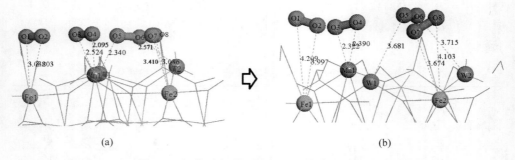

图 4-3　氧分子在（010)-A 面吸附前后示意图
（a）弛豫前；（b）弛豫后

前面已经提到（010)-A 掺杂晶面经弛豫后表面的 Mn 质点在空间 z 轴方向上要高于 Fe 质点，即 Mn 原子偏向真空层，同时 W 原子顶位两个氧原子的缺失，与相邻氧原子的原八面体结构被破坏，在悬垂键的作用下与剩余相邻的氧原子的键合作用发生较大变化，重构成近似四面体的构形。事实上，这样的表面构形不利于氧分子的吸附，在图 4-3 中可以看到，弛豫前在（010)-A 表面同一高度的 4 个氧分子，弛豫后仅有 Mn1 原子上方的氧分子有可能发生吸附。

很显然，表 4-2 的结果证明了之前的预测，从键布居数的结果来看，仅有 O3、O4 与 Mn1 的布居数在弛豫后有了增加，分别从 -0.02、0.01 变为 0.05、0.06，键长则分别由 2.524Å、2.095Å 变为 2.322Å、2.390Å，同时氧原子之间的键长稍微变长，由 1.227Å 增至 1.251Å，也是 4 个氧分子在弛豫后 O—O 键增长最多的一个，氧分子的构形也发生旋转，类似于（010）-C 表面的吸附氧，便于 O 的 p 轨道更好地与 Mn 的 d 轨道重叠发生键合；其余 3 个氧分子的运动趋势则在弛豫后逐渐远离了（010）-A 面，表明它们未能在（010）-A 面上发生吸附。

表 4-2　氧分子在（010）-A 面吸附的键长及布居数

成键类型	弛豫前		弛豫后	
	键布居数	键长/Å	键布居数	键长/Å
O1-O2	0.38	1.227	0.35	1.233
O3-O4	0.39	1.227	0.38	1.251
O5-O6	0.39	1.227	0.32	1.232
O7-O8	0.38	1.227	0.37	1.234
Fe1-O1	—	3.038	—	4.209
Fe1-O2	—	3.203	—	3.997
Fe2-O7	—	3.410	—	3.674
Fe2-O8	—	3.036	—	4.103
Mn1-O3	-0.02	2.524	0.05	2.322
Mn1-O4	0.01	2.095	0.06	2.390
W1-O5	—	2.340	—	3.681
W2-O6	—	2.571	—	3.715

　　氧分子在（010）-A 面出现上述的吸附行为，主要与（010）-A 表面层原子的构形有密切关系。由于掺杂晶体中 Fe、Mn 原子对周围相邻 O 原子的键合作用有差异，导致 Fe 原子向晶格内测凹陷而 Mn 原子凸向真空层，这在（010）-A 面的形成过程中，促使表面层的原子发生较大的弛豫，使得表面存在悬垂键的 W 原子增强了与相邻 O 原子的键合作用，同时削弱了 Mn—O 键的作用，使得本位于晶体内部的 Mn 原子能够与真空中的氧分子的电子云重叠发生键合而产生吸附作用。这一吸附作用的成键强度从布居数来看较弱，由此可以判断该面对氧分子的吸附作用也较弱。

4.1.3　氧分子在（001）-A 面的吸附模拟

　　氧分子在（001）-A 面上的吸附行为与（010）-C 面比较接近，图 4-4 显示了位于 Mn、Fe 原子顶位的两个氧分子弛豫前后的情况。从图 4-4 可以看到与

（010）-C 面吸附情况稍微有所区别的是，由于（001）-A 面 Fe、Mn 原子表面仅存在一个悬垂键，而（010）-C 面则是两个，因此 Fe、Mn 原子若想接受来自氧分子中两个原子的电荷转移，即形成两个 Fe—O 键或两个 Mn—O 键，则会导致 Fe、Mn 原子与晶体内氧原子键合作用的削弱，在图 4-4 中体现为 Fe、Mn 在空间位置上更加突出表面层指向真空层，同时晶体内部的 Fe—O 或 Mn—O 键拉长，甚至发生断裂。

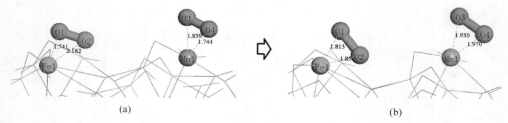

图 4-4　氧分子在（001）-A 面吸附前后示意图
（图中参与作用的主要原子用球棍模型表示，
其余的原子用线型模型简化，便于区别和阅读，后续的图运用了同样的表示方式）
（a）弛豫前；（b）弛豫后

结合 Fe、Mn 及 O 原子的差分电荷密度图 4-5 及表 4-3 中布居数和键长变化

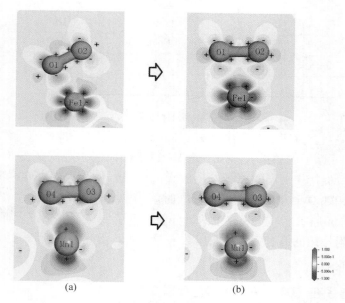

图 4-5　（001）-A 面吸附氧分子前后差分电荷密度图
（差分电荷密度图选取尽量使得所有参与作用原子共面的截面，最能体现电荷分布形态特征）
（a）弛豫前；（b）弛豫后

可知，O1 与 Fe1 在弛豫前由于距离过短，双方的电子云过度重叠形成反键，O2 与 Fe1 则在一个较为适宜的成键距离，经弛豫后 O1-Fe1 与 O2-Fe1 的键长较为接近，分别为 1.813Å 和 1.855Å，布居数分别为 0.07、0.21，表明 O1、O2 的 p 电子轨道与 Fe1 的 d 电子轨道杂化时可能出现了能级分裂；O3-Mn1 与 O4-Mn1 弛豫后键长分别为 1.930Å、1.970Å，布居数分别为 0.12、0.17，Mn 与 O 原子的 pd 轨道杂化时则未出现能级分裂，这一现象符合晶体场理论，说明两个氧分子分别在 Fe 和 Mn 表面发生了较为稳定的吸附。

表 4-3　（001）-A 面吸附氧分子前后键长及布居值

成键类型	弛豫前		弛豫后	
	键布居数	键长/Å	键布居数	键长/Å
O1-O2	0.40	1.227	0.31	1.385
O3-O4	0.42	1.227	0.34	1.385
Fe1-O1	−0.02	1.741	0.07	1.813
Fe1-O2	0.05	2.162	0.21	1.855
Mn1-O3	−0.08	1.859	0.12	1.930
Mn1-O4	0.17	1.744	0.17	1.970

从氧分子在黑钨矿掺杂模型（010）-A、（010）-C、（001）-A 面的吸附模拟结果来看，（010）-C、（001）-A 对氧有较好的亲和性，表面铁锰原子是氧分子的主要吸附质点，但在铁锰掺杂表面由于铁锰原子在空间位置上的差异，锰原子凸出表面而铁原子凹向晶体内部使得锰原子更易被氧吸附。由于吸附氧的铁锰质点不利于捕收剂分子的吸附，而锰原子更易吸附氧，这将引起捕收剂分子的吸附差异。

4.2　晶体表面与水分子吸附作用

在黑钨矿破碎生成解理面到浮选的整个过程中，黑钨矿始终处于溶液环境下，主要溶剂为水，因此考查水分子在黑钨矿晶体表面的作用情况尤为重要。这里对于水分子在黑钨矿表面吸附现象，主要考查的是水分子与表面吸附质点之间的关系（对这种吸附关系起主导作用的是原子间作用力，例如共价作用），而不考虑水分子与水分子之间的作用（主导作用力为氢键和分子间作用力）。对水分子在黑钨矿各表面吸附现象的讨论与氧分子的吸附现象类似。

4.2.1　水分子在（010）-C、（010）-A 面的吸附模拟

水分子在（010）-C 面弛豫前后的模型如图 4-6 所示。在模拟吸附过程中，考虑水分子的单分子吸附和多分子吸附两种情况。

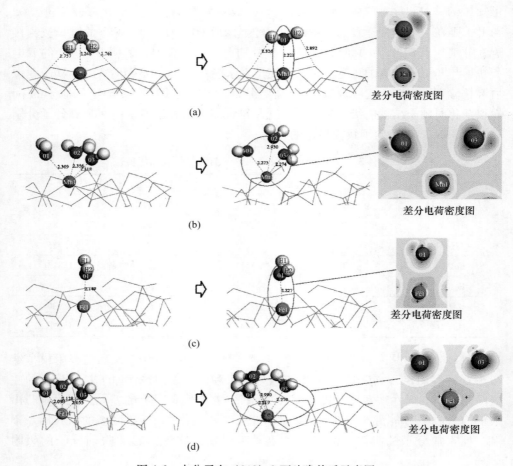

图 4-6　水分子在（010）-C 面弛豫前后示意图

（a）Mn 原子顶位单分子水吸附；（b）Mn 原子顶位多分子水吸附（3 个水分子）；

（c）Fe 原子顶位单分子水吸附；（d）Fe 原子顶位多分子水吸附（3 个水分子）

　　图 4-6（a）与 4.6（c）中显示在 Mn 及 Fe 原子顶位单分子水经弛豫后 O 与 Fe 或 Mn 的距离比较接近，分别为 2.227Å 及 2.221Å。在它们的差分电荷密度图上可以明显看到 O 原子的电荷向 Fe 或 Mn 原子偏移，表明它们之间发生了键合作用；图 4-6（a）中位于 Mn 顶位的水分子在弛豫后构形发生翻转，H 原子由指向表面变为朝向真空层，这可能是因为水分子初始的位形 H 原子对 Mn—O 键形成有一定的位阻作用，而翻转后则有利于 Mn—O 键的形成，Fe 原子顶位由于水分子弛豫前 H 原子就指向真空层，所以未出现这一现象。

　　图 4-6（b）与 4-6（d）中则表明，弛豫前位于 Fe、Mn 原子顶位的 3 个水分子弛豫后只有 2 个水分子与质点发生了吸附作用：与 Mn 键合的两个水分子，

Mn—O 的成键长度分别为 2.275Å 和 2.274Å；Fe—O 的两个键长分别为 2.219Å 和 2.270Å。未成键的第 3 个水分子则由于空间位阻的作用被排挤偏离初始位置，远离吸附质点。由此可见，1 个 Fe 或 Mn 质点在外界水分子充足的情况，最多可吸附 2 个水分子，且由于 Fe—O（Mn—O）的成键键长，使得 H_2O 分子与黑钨矿表面不饱和的氧原子距离较远，难以成键。

在（010）-A 面吸附氧分子时可知，由于表面 Fe 质点向晶体内部凹陷，不容易吸附氧分子，Mn 质点优先吸附氧分子，而在吸附水分子时情况有些特殊。一般常用分子在表面吸附的吸附能大小来判断吸附作用强弱，吸附能计算公式如下[222,231,241,242]，

$$\Delta E_{ab} = E_{slab} + nE_{pre} - E_{(slab+pre)} \tag{4-1}$$

式中，ΔE_{ab} 为最终的分子在表面吸附的吸附能；E_{slab}、E_{pre}、$E_{(slab+pre)}$ 分别为弛豫后 slab 模型的生成焓、吸附分子的生成焓、吸附后整个模型的生成焓，其中吸附分子的生成焓是将单独的吸附分子置于足够大的"晶胞盒子"中几何优化后所得；n 为在吸附模型中吸附分子的数量。

根据吸附能计算公式（4-1），计算出（010）-C、（010）-A 面不同质点吸附氧分子和水分子所释放的吸附能结果见表 4-4。由表 4-4 中结果可知，（010）-C、（010）-A 面的 Fe/Mn 质点吸附一个氧分子释放的吸附能仅为吸附一个水分子的一半左右，这说明水分子与 Fe/Mn 质点的吸附作用要远远强于氧分子，并且 Fe 与 Mn 质点吸附水分子释放的吸附能大小较为接近，因此水分子与 Fe、Mn 质点的作用强度也较为接近，这就导致出现图 4-7 中的吸附现象。从图 4-7 中可以看到，在吸附质点为单一铁或锰质点时（以钨锰矿晶面或钨铁矿晶面模型作为吸附基底），如果将水分子中的氧原子一端朝向待吸附的 W 质点并使 W 与 O 之间的距离处于成键距离范围，经过弛豫后可以得到类似于氧分子在（010）-A 面上的吸附结果，即水分子最终偏离 W 质点最终在 Mn 质点上吸附（见图 4-7（a）），或者由于 W 周围氧原子的屏蔽效应，使得氧原子无法与 W 原子成键（见图 4-7（b））；但如果使用掺杂晶面为吸附基底，在临近 W 质点的 Fe 及 Mn 质点顶位也放置水分子，由于水分子与 Fe、Mn 原子的成键作用较强，从图 4-7（c）中可以

表 4-4　（010）-C、（010）-A 面 Fe/Mn 质点吸附氧分子或水分子的吸附能

质 点 类 型		吸附能/J·m^{-2}	
		吸附一个氧分子	吸附一个水分子
（010）-C 面	Fe 质点	0.441	0.869
	Mn 质点	0.397	0.840
（010）-A 面	Fe 质点	0.566	0.932
	Mn 质点	0.413	0.901

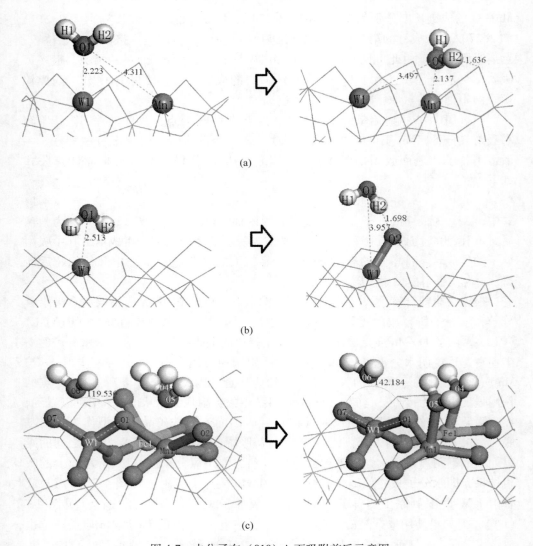

图 4-7　水分子在（010）-A 面吸附前后示意图
（a）W 原子顶位吸附单分子水（钨锰矿晶面）；（b）W 原子顶位吸附单分子水（钨铁矿晶面）；
（c）W/Fe/Mn 原子顶位吸附单分子水（掺杂晶面）

看到，当 Mn 吸附一个水分子时，将会破坏原有的正八面体构形，断开内部的 3 个 Mn—O 键，连同剩余的 3 个 O 原子与水分子提供的 O5 原子重新组成正四面体构形，拉动 O1 偏向 Mn1，同时使得 W1-O1 键拉长，O7-W1-O1 二面角的夹角变大，破坏 W 与原有 4 个 O 原子组成的正四面体构形，使得 W 原子能够吸附顶位水分子趋向于重新形成正八面体构形；除此之外，Fe 与周围 O 的正八面体构形存在一个 O 缺位则正好吸附了一分子水趋于稳定。这表明同单一质点的晶面

（钨铁矿或钨锰矿晶面）相比，掺杂晶面（010)-A 亲水程度更高。而与（010)-A 面相比，（010)-C 面吸附 1 个氧分子或水分子的吸附能略微更小，表明其亲水程度也要略微小于（010)-A 面。

4.2.2 水分子在（001)-A 面的吸附模拟

本节讨论水分子在（001)-A 面的吸附现象与氧分子在（001)-A 面的吸附模拟类似，由于（001)-A 面同时暴露出 W 及 Fe(Mn) 质点，需分别分析水分子在 W 及 Fe(Mn) 质点上的吸附情况。

如图 4-8（a）所示，两个水分子被放置于 Fe 和 Mn 质点上方真空层中，初

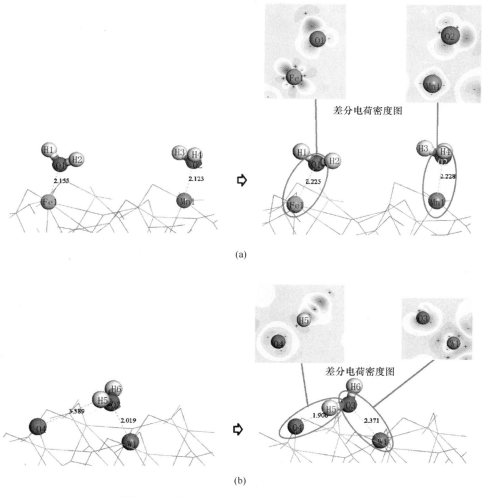

(a)

(b)

图 4-8 水分子在（001)-A 面弛豫前后示意图

（a）Fe/Mn 原子顶位吸附；（b）W 原子顶位吸附

始距离分别为 2.155Å 及 2.123Å，均在成键距离范围内。弛豫后，Fe—O、Mn—O 的距离分别增至 2.225Å 及 2.228Å。从它们的差分电荷密度图来看，Fe 与 O 之间存在明显的电荷偏移，O 原子附近存在显著的荷电上升，说明失去了部分电荷，而 Fe 原子周围则存在荷电下降，表明得到了电荷，说明两者之间存在成键作用，且成键作用较强，而从得电子的轨道形状来看成键作用应发生在 Fe 原子的 d 轨道与 O 原子的 p 轨道，成键性质偏向于离子键；Mn 与 O 原子周围电子云同时出现荷电上升，表明都失去了部分电荷，而在两者之间出现电子云荷电下降表明电荷集聚，发生键合作用，成键性质呈现出共价键特性。

图 4-8（b）中，水分子弛豫之后逐渐移向邻近的不饱和氧原子 O4，H5 原子与 O4 原子的距离从初始距离 3.389Å 缩短为 1.906Å。这一距离远小于水分子或者氢氧根 O—H 的键长，因此极有可能是由于 O—H…O 氢键的作用。在 O4、H5 的差分电荷密度图 4-8(b) 上可以看到，有净电荷从 O4 原子表面向 H5 原子方向迁移的现象，这说明 H5 与 O4 原子之间确实可能存在成键作用，成键的类型需要结合 DOS 结果进一步分析。分别做出弛豫后 O4、H5、H6 原子及未吸附 H_2O 的 O4 原子的偏态密度（PDOS）如图 4-9 所示。由图 4-9 可知，首先 H5 与 H6 是位于同一水分子上的两个氢原子，H5 与 O4 的距离较近而 H6 与 O4 的结果较远，假设 H5 与 O4 发生了化学键合作用，则 H5 与 H6 将处于不同的空间化学势能下，因此它们各自的 DOS 必然会有较大的区别，但从图 4-9 的结果来看，他们的总态密度分布几乎完全一致，仅有强度略微的差别；并且，根据 O4 的偏态密度分布可以看到，O4 的主要成键贡献由 s 轨道及 p 轨道组成，s 轨道贡献在−18eV 左右出现峰值，p 轨道则在−10eV、−7.5eV 及−3eV 附近出现峰值，假设 O4 与 H5 之间存在化学键合，则应在氢原子的态密度图上相应能值出现明显的加强峰，而这些在 H5、H6 的态密度分布上均看不到，同时 O5 在吸附 H_2O 前后的态密度上也看不到轨道杂化引起的能值峰的出现，这就表明，在 H5 与 O4 之间虽然存在电荷偏移，但未出现稳定的化学键合作用，因此它们之间的吸附是由于 O4 原子的负电荷偏移对 H5 核正电荷的静电作用。

另一方面，W 与 O 原子之间距离由 2.019Å 变为 2.371Å，该距离超出了晶胞内部 W—O 的最大键长，W 与 O 的差分电荷密度图 4-8（b）上显示它们之间存在净电荷迁移，但两者相隔的距离较远，因此成键作用可能较弱。对水分子的 O3 原子及 W1 原子 PDOS 分布计算结果如图 4-10 所示。从图 4-10 中可以看到，W1 原子在吸附水分子后，−7.5eV 附近出现了一个新峰，该峰值的主要贡献来自 d 轨道，而在 O3 原子 PDOS 对应的能值处可以看到由 p 轨道贡献为主的强峰，说明 W1 与 O3 之间的键合作用主要来自 pd 轨道杂化的结果，由于 O3 的电荷较明显的偏向 W1 原子，这表明成键性质偏向于离子键类型。

分别计算了一个水分子在（001)-A 面的 Fe、Mn 及 W 质点上吸附弛豫前后

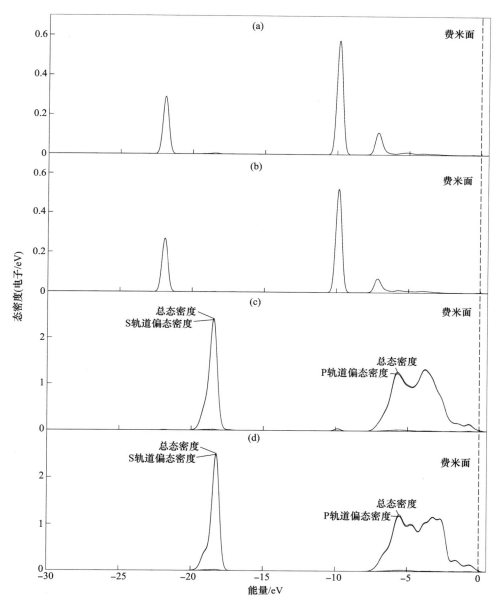

图 4-9　　（001）-A 相关原子吸附前后的偏态密度分布

（a）H5 原子的总态密度分布（吸附后）；（b）H5 原子的总态密度分布（吸附前）；

（c）O4 原子的偏态密度分布（吸附后）；（d）O4 原子的偏态密度分布（吸附前）

的表面能，求得吸附能的结果见表 4-5。表 4-5 结果显示在 W 质点上的吸附能远小于在 Fe 或 Mn 质点的吸附能，这正好说明在 W 质点上的吸附方式并非稳定吸

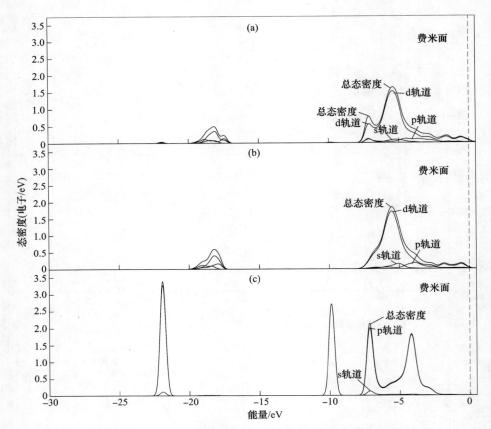

图 4-10　水分子吸附前后氢氧原子的偏态密度分布

（a）W1 原子 PDOS（水分子吸附后）；（b）W1 原子 PDOS（水分子吸附前）；（c）O3 原子 PDOS（吸附后）

附，在（001）-A 面水分子优先在 Fe、Mn 质点表面发生吸附。

表 4-5　水分子在（001）-A 面不同质点吸附的吸附能

（001）-A 面	吸附能/$J \cdot m^{-2}$
质点类型	吸附一个水分子
Fe 质点	0.351
Mn 质点	0.303
W 质点	0.041

4.2.3　黑钨矿表面亲水性

本节的计算模拟结果显示，水分子在黑钨矿（010）面及（001）面吸附有两种方式，一种是液相水分子与黑钨矿解理面暴露的铁锰质点直接键合形成化学键，根据吸附能的计算结果来看，该吸附过程往往伴随着能量的释放，说明吸附过程是自发过程，吸附作用程度较高；另一种则是水分子与黑钨矿晶面裸露的不饱和氧原子之间的氢键作用，该吸附过程释放的表面能相对较低，因此吸附作用强度较前者更小。从黑钨矿（010）、（001）面对水分子的吸附现象表明，黑钨矿的解理面都是强烈亲水的，单矿物的 pH 值浮选试验结果也说明了这点。

图 4-11 的结果表明，不使用捕收剂的条件下，在浮选 pH 值为 3~6 范围内，各种铁锰比例的黑钨矿浮选回收率均很低，直接说明了黑钨矿表面亲水性导致天然可浮选差；黑钨矿的自然 pH 值为 6.5，酸性环境下黑钨矿的回收率要低于碱性 pH 值环境，随着 pH 值升高，黑钨矿回收率逐渐上升，在 pH 值为 7.5 附近达到峰值，随后呈下降趋势；由于黑钨矿可浮性差、回收率低，晶体铁锰比对可浮选的影响在这里无法体现。

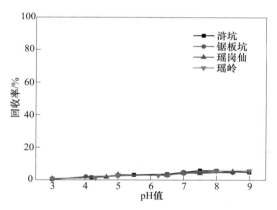

图 4-11　4 种单矿物不同 pH 值条件下无捕收剂浮选试验结果
（起泡剂松醇油用量为 20mg/L）

4.3　晶体表面与金属离子吸附

在黑钨矿选别过程中，除了水溶液环境外，还存在着大量的"难免离子"或者有目的性引入的离子，其中部分起到重要作用的离子为金属阳离子，常见的金属阳离子包括 Pb^{2+}、Fe^{3+}、Cu^{2+}、Fe^{2+}、Ca^{2+}、Zn^{2+}、Mn^{2+} 等。它们对黑钨矿选别，特别是浮选过程，起到正效应或负效应。其中 Pb^{2+} 被许多研究证明是一种非常有效的金属活化离子，在高岭土、闪锌矿等浮选过程中对目的矿物起到显著的活化作用。根据 Juan Wang 等人及 A. Sarvaramini 等人对 Pb^{2+} 活化作用的模拟计算结果来看，Pb^{2+} 在水溶液中首先无法避免的需要与多个水分子发生水化作用，其次再吸附于矿物表面从而覆盖部分不利于捕收剂分子吸附的质点，最后实现矿物表面的活化疏水。事实上，A. Sarvaramini 等人指出这一种吸附方式在 Fe^{2+} 及 Cu^{2+} 与黄药做捕收剂的吸附过程中同样存在。但有人在研究多种金属离子活化羟肟酸作捕收剂浮选黑钨矿的体系中提出了另一种观点，认为 Pb^{2+} 对黑钨矿活化的本质并非直接由铅和水化物与羟肟酸捕收剂分子发生吸附引起，而是由于 Pb^{2+} 改善了浮选溶液环境所致。从溶液化学角度分析金属离子的吸附作用机理，这种论证方式是"由果朔因"的推导方式，即必须以吸附现象"已经发生"为基础，而并不能对吸附现象"怎么发生""发生程度"这类问题给予合理的解释。因此，要回答以上问题，需要从金属离子及晶体表面在吸附现象发生时的具体行为进行分析。本章选取 Pb^{2+}、Fe^{2+}/Fe^{3+} 及 Cu^{2+} 4 种常见且对黑钨矿浮选行为影响较大的金属离子作为研究对象，通过量子化学计算模拟的手段研究其在表面的吸附行为及对表面的影响。

第 3 章中在讨论黑钨矿各晶面与水分子的作用关系已经知道，黑钨矿浮选过程中的主要作用面，（010）面、（001）面均为亲水表面，表面水化作用显著，并且，金属离子在溶液环境中无可避免地也会出现水化作用，因此在考查金属离子在黑钨矿各表面的吸附情况时，如果只简单考虑金属离子与在无水分子吸附情况下的理想表面相互作用缺少实际意义。故本章中主要研究的是金属离子的水化作用以及吸附水分子的黑钨矿表面与金属离子的作用关系。

4.3.1 金属离子溶液化学分析

根据金属离子在溶液中的水解平衡关系，可求得金属离子水解各组分的浓度。已知 Pb^{2+} 在均相体系中发生如下水解平衡反应：

$$Pb^{2+} + OH^- \Longrightarrow (PbOH)^+ ; \quad \beta_1 = \frac{[(PbOH)^+]}{[Pb^{2+}][OH^-]} \tag{4-2}$$

$$Pb^{2+} + 2OH^- \Longrightarrow Pb(OH)_2(aq) ; \quad \beta_2 = \frac{[Pb(OH)_2(aq)]}{[Pb^{2+}][OH^-]^2} \tag{4-3}$$

$$Pb^{2+} + 3OH^- \Longrightarrow [Pb(OH)_3]^- ; \quad \beta_3 = \frac{[[Pb(OH)_3]^-]}{[Pb^{2+}][OH^-]^3} \tag{4-4}$$

式中，β_1、β_2、β_3 为累积稳定常数，[ ] 表示组分浓度，[Pb] 代表溶液中总的 Pb 浓度，则有

$$[Pb] = [Pb^{2+}](1 + \beta_1[OH^-] + \beta_2[OH^-]^2 + \beta_3[OH^-]^3) \tag{4-5}$$

整理式（4-2）~式（4-5）得各组分对数浓度，

$$lg[Pb^{2+}] = lg[Pb] - lg(1 + \beta_1[OH^-] + \beta_2[OH^-]^2 + \beta_3[OH^-]^3) \tag{4-6}$$

$$lg[(PbOH)^+] = lg\beta_1 + lg[Pb^{2+}] + lg[OH^-] \tag{4-7}$$

$$lg[Pb(OH)_2(aq)] = lg\beta_2 + lg[Pb^{2+}] + 2lg[OH^-] \tag{4-8}$$

$$lg[Pb(OH)_3]^- = lg\beta_3 + lg[Pb^{2+}] + 3lg[OH^-] \tag{4-9}$$

在多相体系中考虑铅的氢氧化物沉淀 $Pb(OH)_2(s)$ 与其他组分之间的转化关系，有如下反应：

$$Pb(OH)_2(s) \Longrightarrow Pb^{2+} + 2OH^-; K_{sp} = [Pb^{2+}][OH^-]^2 \tag{4-10}$$

$$Pb(OH)_2(s) \Longrightarrow (PbOH)^+ + OH^-; K_{s1} = [(PbOH)^+][OH^-] \tag{4-11}$$

$$Pb(OH)_2(s) \Longrightarrow Pb(OH)_2(aq); K_{s2} = [Pb(OH)_2(aq)] \tag{4-12}$$

$$Pb(OH)_2(s) + OH^- \Longrightarrow [Pb(OH)_3]^-; K_{s3} = \frac{[[Pb(OH)_3]^-]}{[OH^-]} \tag{4-13}$$

整理公式（4-10）~式（4-13）得，

$$\lg[Pb^{2+}] = \lg K_{sp} - 2\lg[OH^-] \tag{4-14}$$

$$\lg[(PbOH)^+] = \lg K_{s1} - \lg[OH^-] \tag{4-15}$$

$$\lg[Pb(OH)_2(aq)] = \lg K_{s2} \tag{4-16}$$

$$\lg[[Pb(OH)_3]^-] = \lg K_{s3} + \lg[OH^-] \tag{4-17}$$

查资料[276]可得铅离子的各累积稳定常数 β 与 $Pb(OH)_2(s)$ 溶度积 K_{sp} 值，并算出各级溶解平衡常数 K_s 值（见表4-6），溶液中铅离子总浓度取 1×10^{-3} mol/L，代入式(4-6)~式(4-9)，式(4-14)~式(4-17)可画出铅离子的溶液中水解组分 pH-浓度对数图，如图4-12所示。

表4-6 金属离子水解稳定常数及对应氢氧化物溶解平衡常数（25℃）

金属离子	$\lg K_1$	$\lg\beta_2$	$\lg\beta_3$	$\lg\beta_4$	pK_{sp}	pK_{s1}	pK_{s2}	pK_{s3}	pK_{s4}
Pb^{2+}	6.3	10.9	13.9	—	15.2	8.9	4.3	1.3	—
Cu^{2+}	6.3	12.8	14.5	16.4	19.32	13.02	6.52	4.82	2.92
Fe^{2+}	4.5	7.4	10.0	9.6	16.1	11.6	8.7	6.1	6.5
Fe^{3+}	11.81	22.3	32.05	34.3	38.8	26.99	16.5	6.75	4.5

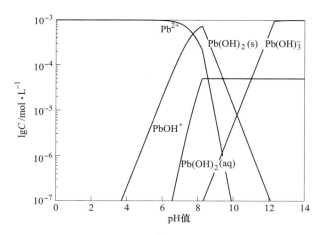

图4-12 溶液环境下 Pb^{2+} 水解组分 pH-lg$C$ 对数图

类似地，对于 Cu^{2+} 有，

$$lg[Cu^{2+}] = lg[Cu] - lg(1 + \beta_1[OH^-] + \beta_2[OH^-]^2 + \beta_3[OH^-]^3 + \beta_4[OH^-]^4) \tag{4-18}$$

$$lg[(CuOH)^+] = lg\beta_1 + lg[Cu^{2+}] + lg[OH^-] \tag{4-19}$$

$$lg[Cu(OH)_2(aq)] = lg\beta_2 + lg[Cu^{2+}] + 2lg[OH^-] \tag{4-20}$$

$$lg[Cu(OH)_3^-] = lg\beta_3 + lg[Cu^{2+}] + 3lg[OH^-] \tag{4-21}$$

$$lg[Cu(OH)_4^{2-}] = lg\beta_4 + lg[Cu^{2+}] + 4lg[OH^-] \tag{4-22}$$

$$lg[Cu^{2+}] = lgK_{sp} - 2lg[OH^-] \tag{4-23}$$

$$lg[(CuOH)^+] = lgK_{s1} - lg[OH^-] \tag{4-24}$$

$$lg[Cu(OH)_2(aq)] = lgK_{s2} \tag{4-25}$$

$$lg[[Cu(OH)_3]^-] = lgK_{s3} + lg[OH^-] \tag{4-26}$$

$$lg[[Cu(OH)_4]^{2-}] = lgK_{s4} + 2lg[OH^-] \tag{4-27}$$

对于 Fe^{2+} 有，

$$lg[Fe^{2+}] = lg[Fe] - lg(1 + \beta_1[OH^-] + \beta_2[OH^-]^2 + \beta_3[OH^-]^3 + \beta_4[OH^-]^4) \tag{4-28}$$

$$lg[(FeOH)^+] = lg\beta_1 + lg[Fe^{2+}] + lg[OH^-] \tag{4-29}$$

$$lg[Fe(OH)_2(aq)] = lg\beta_2 + lg[Fe^{2+}] + 2lg[OH^-] \tag{4-30}$$

$$lg[Fe(OH)_3^-] = lg\beta_3 + lg[Fe^{2+}] + 3lg[OH^-] \tag{4-31}$$

$$lg[Fe(OH)_4^{2-}] = lg\beta_4 + lg[Fe^{2+}] + 4lg[OH^-] \tag{4-32}$$

$$lg[Fe^{2+}] = lgK_{sp} - 2lg[OH^-] \tag{4-33}$$

$$lg[(FeOH)^+] = lgK_{s1} - lg[OH^-] \tag{4-34}$$

$$lg[Fe(OH)_2(aq)] = lgK_{s2} \tag{4-35}$$

$$lg[[Fe(OH)_3]^-] = lgK_{s3} + lg[OH^-] \tag{4-36}$$

$$lg[[Fe(OH)_4]^{2-}] = lgK_{s4} + 2lg[OH^-] \tag{4-37}$$

对于 Fe^{3+} 有，

$$lg[Fe^{3+}] = lg[Fe] - lg(1 + \beta_1[OH^-] + \beta_2[OH^-]^2 + \beta_3[OH^-]^3 + \beta_4[OH^-]^4) \tag{4-38}$$

$$lg[(FeOH)^{2+}] = lg\beta_1 + lg[Fe^{3+}] + lg[OH^-] \tag{4-39}$$

$$lg[Fe(OH)_2^+] = lg\beta_2 + lg[Fe^{3+}] + 2lg[OH^-] \tag{4-40}$$

$$lg[Fe(OH)_3(aq)] = lg\beta_3 + lg[Fe^{3+}] + 3lg[OH^-] \tag{4-41}$$

$$lg[Fe(OH)_4^-] = lg\beta_4 + lg[Fe^{3+}] + 4lg[OH^-] \tag{4-42}$$

$$lg[Fe^{3+}] = lgK_{sp} - 3lg[OH^-] \tag{4-43}$$

$$lg[(FeOH)^{2+}] = lgK_{s1} - 2lg[OH^-] \tag{4-44}$$

$$lg[Fe(OH)_2^+] = lgK_{s2} - lg[OH^-] \tag{4-45}$$

$$\lg\left[Fe(OH)_3(aq)\right] = \lg K_{s3} \tag{4-46}$$

$$\lg\left[\left[Fe(OH)_4\right]^-\right] = \lg K_{s4} + \lg\left[OH^-\right] \tag{4-47}$$

Cu^{2+}、Fe^{2+}、Fe^{3+} 3 种离子的水解组分 pH-浓度对数图分别如图 4-13 ~ 图 4-15 所示,其中 3 种离子在溶液中的总浓度均取 $1\times10^{-3}mol/L$。

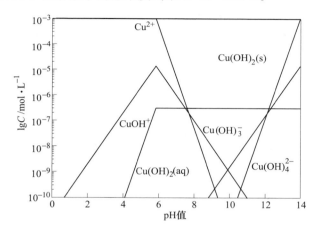

图 4-13 溶液环境下 Cu^{2+} 水解组分 pH-lg$C$ 对数图

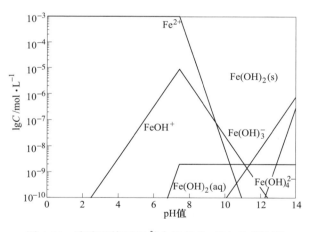

图 4-14 溶液环境下 Fe^{2+} 水解组分 pH-lg$C$ 对数图

当金属离子位于矿物表面与溶液介质组成的界面区域内,此时由矿物表面的电场作用引起溶液介质介电常数的改变同时也会引起金属离子生成氢氧化物的溶度积变化。

在溶液中,

$$M(OH)_{n(s)} \rightleftharpoons M^{n+} + nOH^-$$

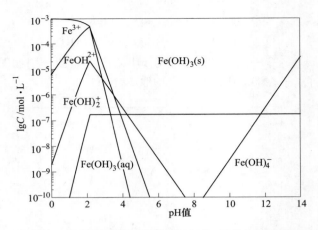

图 4-15　溶液环境下 Fe^{3+} 水解组分 pH-lg$C$ 对数图

$$K_{sp} = a_{M^{n+}} \cdot a_{OH^-}^n \tag{4-48}$$

$$\Delta G^\ominus = -RT\ln K_{sp} \tag{4-49}$$

式中，K_{sp} 为金属离子 M^{n+} 生成氢氧化物的溶度积；$\Delta G^\ominus$ 是氢氧化物解离平衡的标准自由能变化值，在界面区域中，考虑电场作用则有，

$$-\Delta G^{\ominus\prime} = -(G_{M^{n+}}^\ominus + G_{M^{n+}}' + G_{OH^-}^\ominus + G_{OH^-}' - G_{M(OH)_n}^\ominus(s) - G_{M(OH)_n}'(s)) \tag{4-50}$$

电场力对中性粒子的作用要远小于带电粒子，因此忽略 $G_{M(OH)_n}'(s)$，得，

$$-\Delta G^{\ominus\prime} = -(G_{M^{n+}}^\ominus + G_{M^{n+}}' + G_{OH^-}^\ominus + G_{OH^-}' - G_{M(OH)_n}^\ominus(s))$$

$$= -\Delta G^\ominus - (G_{M^{n+}}' + G_{OH^-}') \tag{4-51}$$

设 K_{sp}' 为界面区域中金属氢氧化物的溶度积，因此，

$$\Delta G^{\ominus\prime} = -RT\ln K_{sp}' \tag{4-52}$$

将式（4-49）代入式（4-52），整理可得，

$$\ln \frac{K_{sp}}{K_{sp}'} = \frac{G_{M^{n+}}' + G_{OH^-}'}{RT} \tag{4-53}$$

根据 Robert O. James 及 Thomas W. Healy 的研究[254,255]，

$$G' = \frac{(ze)^2 N}{8\pi(r_{ion} + 2r_w)\epsilon_0} \cdot \left(\frac{1}{\epsilon_i} - \frac{1}{\epsilon_b}\right) \cdot g(\theta) \tag{4-54}$$

式中，z 为离子价数；e 为电子电荷；N 为阿伏伽德罗常数；r_{ion} 为离子半径；r_w 为水分子半径；ϵ_0 为自由空间介电常数；ϵ_i 为界面区域介电常数；ϵ_b 为溶液介电常数；$g(\theta)$ 为几何因子，由于 ϵ_i 小于 ϵ_b，因此 G' 为正值，代入公式（4-53）可知 $K_{sp} > K_{sp}'$，即溶液金属氢氧化物溶度积要大于界面区域溶度积。根据公式（4-54）最终可算得各种条件下 G' 值，最终可求得各种金属氢氧化物的 K_{sp}'，本书需要使用到的部分 K_{sp}' 见表 4-7。

表 4-7 部分金属离子界面区域氢氧化物溶度积与离子半径（25℃）

离子种类	r_{ion}/Å	lg（K_{sp}/K'_{sp}）	pK_{sp}	pK'_{sp}	pK'_{s1}	pK'_{s2}	pK'_{s3}	pK'_{s4}
Pb^{2+}	1.20	1.42	15.2	16.52	10.22	5.62	2.62	—
Cu^{2+}	0.69	1.59	19.32	20.91	14.61	8.11	6.41	4.51
Fe^{2+}	0.76	1.56	16.10	16.65	12.15	9.25	6.65	7.05
Fe^{3+}	0.64	2.40	38.80	41.20	29.39	18.90	9.15	6.90

根据各金属离子的界面区域 K'_{sp} 可进一步求得界面区域内的各级溶解平衡常数 K'_s，再结合累积稳定常数 β 最终可画出界面区域内金属离子的水解组分 pH-lg$C$ 对数图，如图 4-16~图 4-19 所示。

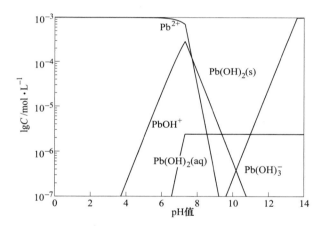

图 4-16 界面区域 Pb^{2+} 水解组分 pH-lg$C$ 对数图

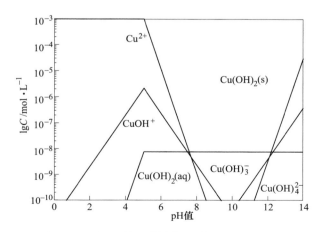

图 4-17 界面区域 Cu^{2+} 水解组分 pH-lg$C$ 对数图

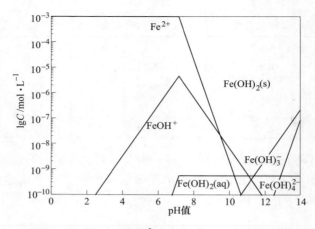

图 4-18　界面区域 Fe^{2+} 水解组分 pH-lg$C$ 对数图

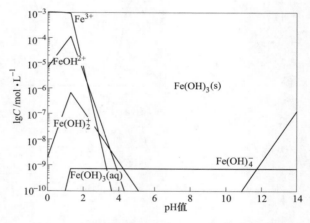

图 4-19　界面区域 Fe^{3+} 水解组分 pH-lg$C$ 对数图

　　对比各金属离子溶液环境及界面区域的 pH-浓度对数图可以很容易发现，界面区域中沉淀生成区域的面积要明显大于溶液中沉淀区域面积，即界面区域中的金属离子氢氧化物生成的 pH 值及离子浓度均小于溶液环境中，这说明在氧化矿物与溶液接触的两相界面比在溶液环境中更容易形成沉淀。

　　在使用 BHA 为捕收剂的黑钨矿的浮选体系中，由于 BHA 及脉石抑制剂的最适宜 pH 值为碱性，浮选溶液环境一般为弱碱性或中性，而起活化作用的金属离子有效作用浓度范围一般在 $1×10^{-5} \sim 1×10^{-3}$ mol/L 之间，因此，该限定的 pH-浓度范围之内，根据上述各金属离子组分的 pH-浓度对数图可知：Fe^{3+} 最早开始生成氢氧化物沉淀，且无论在溶液环境还是界面环境，均为 $Fe(OH)_3(s)$；Cu^{2+} 仅次于 Fe^{3+}，在界面环境中只生成氢氧化物沉淀，在溶液环境中，由于金属离子浓度下限位于生成一羟基化物和氢氧化物沉淀的交界处，生成产物以氢氧化物沉淀为主，可能会出现少量 $Cu(OH)^+$；在溶液环境中，以 Fe^{2+} 为主要组分，可能含有少量 $Fe(OH)^+$，自 pH 值为 7.4 左右开始生成 $Fe(OH)_2$ 沉淀（在界面环境中则略微降至 7.2），当 pH 值为 8.5 左右（界面环境中大约为 8.2），全部转化为 $Fe(OH)_2$ 沉淀；而在溶液环境下，铅离子在 pH 值 $7\sim8.2$ 范围内都是以 Pb^{2+} 和 $Pb(OH)^+$ 为主要组分，pH 值为 $8.2\sim10.1$ 时存在 Pb^{2+}、$Pb(OH)^+$ 和 $Pb(OH)_2(s)$ 三种组分之间的相互转化，pH 值大于 10.1 之后全部转化为 $Pb(OH)_2$ 沉淀，但在界面环境下生成沉淀的 pH 值大幅降低，约为 7.3 即开始出现 $Pb(OH)_2$ 沉淀，在 pH 值为 $7.3\sim8.8$ 范围内三种组分共存，pH 值大于 8.8 后全部转化为 $Pb(OH)_2(s)$。

根据金属离子 pH-浓度对数图来讨论溶液中的优势组分，可引出金属离子对目的矿物浮选的活化机理。由于金属离子起活化作用的溶度和 pH 值范围一般都位于溶液中生成的一羟基络合物或氢氧化物沉淀，故这两类组分被认为是起活化作用的主要物质。"一羟基络合物假说"认为，溶液中一羟基络合物的羟基首先与目的矿物表面的羟基作用吸附脱去一分子水，使得金属离子在表面予以吸附，金属离子再与捕收剂离子发生吸附从而实现活化。由于界面区域生成一羟基络合物和氢氧化物沉淀的 pH 值低于溶液环境中，在"一羟基络合物"假说基础上，考虑界面区域的溶液组分时，优势组分还包括氢氧化物沉淀，并且金属氢氧化物能够与矿物表面的两个羟基作用脱去两分子水发生吸附，相比一羟基络合物与一个羟基作用吸附更为牢固，由此判断金属氢氧化物也能在活化过程中起到重要作用。4.3.2 节对金属离子水化作用的计算模拟就是从溶液化学分析基础上出发，首先考虑金属离子在水溶液中的实际存在形态。

4.3.2 金属离子的水化作用

在浮选溶液环境中，金属离子在未接触到矿物固相表面之前首先接触到的是水相，从 4.3.1 节的浮选溶液化学计算分析结果可知，Pb^{2+}、Cu^{2+}、Fe^{2+}、Fe^{3+} 4 种离子在溶液环境中的组成随着离子浓度、pH 值的变化而不同，这些都是离子自身水化作用的结果。事实上，大量研究结果表明，过渡金属离子的水化作用情况较为复杂，水化过程不仅出现多分子水的吸附，还出现多层水分子的吸附方式。多层水分子吸附时，第二水化层的吸附水多以水分子之间氢键或静电引力的物理作用方式，第一水化层吸附则有可能出现金属阳离子与水分子之间的化学配位键成键作用，为主要的水合方式，故本书只讨论金属阳离子与水分子第一水化层的吸附作用。而根据溶液化学计算结果，Cu^{2+} 和 Fe^{3+} 在浮选常规用药量（金属离子浓度范围 $1\times10^{-5}\sim1\times10^{-3}$ mol/L）以及 pH 值为 $7\sim10$ 中性偏碱性范围内以氢氧化物沉淀形式为主，Fe^{2+} 与 Pb^{2+} 则可能出现游离的金属离子和一羟基络合物，因此金属离子与水分子的具体成键及配位构型仍值得探讨。本节主要通过模拟计算各类金属离子与吸附水分子之间的成键情况，比较各金属离子水化物的稳定性从而弄清溶液中可能存在的优势组分。

4.3.2.1　铅离子的水化作用

　　Pb^{2+} 可吸附 3~10 个水分子[217,256,257]，Juan Wang 等人对 Pb^{2+} 吸附水分子的 DFT 计算结果表明，Pb^{2+} 在吸附 7 个水分子后，剩余的水分子将会滑移至第二水化层，本节对 Pb^{2+} 吸附 2~7 个水分子的情况进行模拟，模型在 $10×10×10Å^3$ 的晶格中进行，经收敛测试具体计算参数选取见表 4-8，模型优化结果如图 4-20 所示。

表 4-8　Pb^{2+} 水化作用几何优化收敛测试参数

计 算 参 数		$Pb(H_2O)_n^{2+}$
	模块	Castep
	函数	GGA-PW91
	Energy/eV. atom^{-1}	$1×10^{-5}$
	Max. force/eV · Å	0.03
收敛条件	Max. stress/GPa	0.05
	Max. displacement/Å	0.001
	截断能/eV	450
	布里渊 K 格子值	$1×2×1$
	赝势	超软赝势
	算法	BFGS

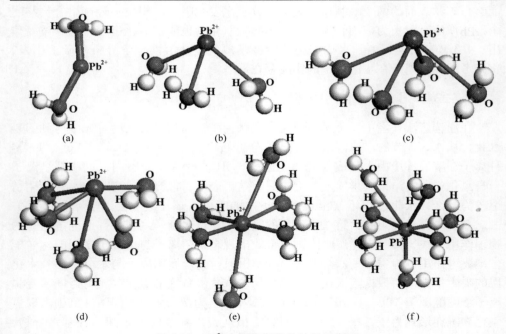

图 4-20　Pb^{2+} 水化作用优化结果示意图

(a) $Pb(H_2O)_2^{2+}$；(b) $Pb(H_2O)_3^{2+}$；(c) $Pb(H_2O)_4^{2+}$；

(d) $Pb(H_2O)_5^{2+}$；(e) $Pb(H_2O)_6^{2+}$；(f) $Pb(H_2O)_7^{2+}$

　　Pb^{2+}吸附水分子的模型优化结果显示，在Pb^{2+}吸附 2~5 个水分子的方式都是单侧吸附，即所吸附的水分子均分布在Pb^{2+}的同侧半球空间，这与文献［256，257］实验得出的结论一致，而吸附水分子数在 5 个以上时，吸附方式变为全向吸附，即Pb^{2+}位于中心位置，四周被水分子包围。Pb^{2+}在溶剂中的水化作用与吸附在固相表面的水化作用有差异，一般吸附于固相表面的Pb^{2+}只能吸附 3~5 个水分子，其余的水分子则由于溶剂化效应脱离。在图 4-20（e）及（f）中，Pb^{2+}分别与 6 个和 7 个水分子吸附时，对应有 1 个和 2 个水分子与Pb^{2+}的距离大于文献数据[258~259]中通常第一水化层 Pb—O 成键距离 3.7Å，表明 Pb 与 O 之间的成键作用较低，因此在所选计算参数条件下Pb^{2+}的第一水化层水分子数最大值为 5，多出的吸附水分子极有可能处于第二水化层或第一、二水化层之间的过渡态。

　　通过分析Pb^{2+}与水分子的键布居数（见表 4-9）可以知道，Pb^{2+}的水合产物 Pb—O 的绝大部分布居数都为负值，表明它们主要以反键形式成键，这与文献［260］观察 PbO 成键类型的结果相符合。反键的键能较高，通常会引起配合物晶体构形的畸变，这也是Pb^{2+}水合物吸附水分子多为单向排列的原因，同时产物的稳定性较差，反键容易断裂使配合物构形发生重构。而 4 种水分子结合物的布居数相比而言，除$Pb(H_2O)_5^{2+}$外，其余 3 种生成物的成键形式皆为反键，$Pb(H_2O)_5^{2+}$中除 4 个反键外，还有一个较弱的离子键，文献［217］的计算结果显示Pb^{2+}水合物在高岭土（001）面上的吸附，与高岭土表面氧原子和水分子共结合成类似五分子水合物的五元结构时吸附最为稳定，表明这种五元结构稳定性较高。

表 4-9　Pb^{2+}水化物 P—O 键长与布居数

水合产物	Pb—O 键长/Å	布居数	水合产物	Pb—O 键长/Å	布居数
$Pb(H_2O)_2^{2+}$	2.752	-0.07	$Pb(H_2O)_4^{2+}$	2.829	-0.03
	2.835	-0.04		2.930	-0.02
$Pb(H_2O)_3^{2+}$	2.791	-0.06	$Pb(H_2O)_5^{2+}$	2.982	-0.02
	2.886	-0.04		2.894	-0.04
	2.893	-0.02		2.877	-0.05
$Pb(H_2O)_4^{2+}$	2.764	-0.06		2.873	-0.06
	2.801	-0.04		3.203	0.01

　　根据溶液化学计算结果，考虑到Pb^{2+}在给定 pH 值条件下形成一羟基水合物可能在活化过程中起到重要作用，再结合生成水化产物的结果，选取了$[Pb(OH)(H_2O)_5]^+$六配体的一羟基水合物作为计算基础，计算参数与计算六水合物模型一致，模型优化前后结果如图 4-21 所示，各 Pb—O 键长及布居数见表 4-10。

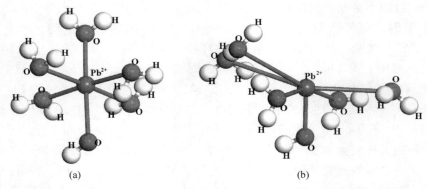

(a)   (b)

图 4-21   Pb^{2+}—羟基水合物优化结果示意图

（a）几何优化前；（b）几何优化后

表 4-10   Pb^{2+}—羟基水合物几何优化前后 Pb—O 键长与布居数

优化前	优化后		优化前	优化后	
Pb—O 键长/Å	Pb—O 键长/Å	布居数	Pb—O 键长/Å	Pb—O 键长/Å	布居数
2.437	2.721	−0.03	2.643	3.680	—
2.485	2.570	−0.05	2.662	3.716	—
2.523	3.977	—	2.721（Pb—OH）	2.221（Pb—OH）	−0.13

在图 4-21 中，将六水合物的一个配体水分子用一个羟基取代后再经几何优化，能够得到一个配体近似单侧排列的羟基水合物，除羟基外，其余 5 个水分子配体均分布在赤道面附近，羟基则位于垂直赤道面的极点处。而从 Pb—O 键长和布居数来看（见表 4-10），连接羟基与 Pb 离子的 Pb—O 键在优化后缩短，从 2.721Å 变为 2.221Å，这一数值符合 J. R. BARGAR 等人[261]利用 XANES and EX-AFS 检测到的 Pb(H$_2$O)$_n$(OH)$_n^-$ 的 Pb—OH 键长范围（2.18~2.32Å）；水分子中 O 与 Pb^{2+} 的距离则比优化前增加，其中有两个 O 与 Pb 离子的距离略微小于多分子水合物的 Pb—O 键长，分别为 2.721Å 和 2.570Å，另外 3 个 O 与 Pb^{2+} 的距离分别为 3.716Å、3.680Å 及 3.977Å，远大于多分子水合物中 Pb—O 键的距离，表明它们与 Pb 离子的成键作用极弱或无直接成键作用。布居数也反映了这一现象，3 个 Pb—O 布居数为负说明它们的成键性质为反键，且 Pb—OH 的成键作用要显著强于 Pb—H$_2$O。J. R. BARGAR 等人[261]认为，Pb(OH)$_n^-$ 配合物稳定的羟基配体数是 3~4，4 配体数的 Pb(OH)$_4^-$ 在空间上呈四面体构型，但由于溶液中还有水分子的存在，羟基配体数往往为 3，3 个羟基与 Pb^{2+} 形成三角锥构型，Pb^{2+} 位于锥顶再与水分子形成较弱的成键作用。本节的计算结果从形成的 Pb^{2+}—羟基水合物配体数来看，优化前预配置的 6 个配体优化后只有 3 个配体（1 个 OH$^-$，

2 个 H_2O）与 Pb^{2+} 键合，这与文献的结论是一致的，由于采用的模型中水分子配体数比例较大，两个水分子替代了文献中原为羟基的配体，使得这两个水分子中氧原子与 Pb 离子的键合作用程度处于羟基化铅水合物 Pb—OH 与铅水化物 Pb—OH_2 之间。这表明 Pb 离子与羟基配体配合成键的作用要强于水配体，并且羟基配体还会影响水合物的空间构型。

4.3.2.2 铁（Ⅱ）离子水化作用

铁（Ⅱ）离子吸附水分子的模拟参数选择见表 4-11，Luciana Guimarães 等人[221] 的 DFT 计算结果表明，铁（Ⅱ）离子的多分子水合物中，六水分子配位的水合物 $[Fe(H_2O)_6]^{2+}$ 只能在极小的 pH 区间内出现，故是一个过渡产物，稳定的水合物包括 $[Fe(OH)(H_2O)_5]^+$、邻位-$[Fe(OH)_2(H_2O)_2]$、对位-$[Fe(OH)_2(H_2O)_2]$ 以及 $[Fe(OH)_3]^-$，其中，$[Fe(OH)(H_2O)_5]^+$ 为六配位水合物，邻位-$[Fe(OH)_2(H_2O)_2]$ 和对位-$[Fe(OH)_2(H_2O)_2]$ 相当于四配位水合物，$[Fe(OH)_3]^-$ 为三配位水合物。本研究中为了与铅离子的水合物做对比，铁（Ⅱ）离子的水合物配体数考虑范围为 2~6，经几何优化后最终得到图 4-22 的结果。

表 4-11 Fe^{2+} 水化作用几何优化收敛测试参数

计 算 参 数		$Fe(H_2O)_n^{2+}$
	模块	Castep
	函数	GGA-PBE
	Energy/eV·$atom^{-1}$	$1×10^{-5}$
	Max. force/eV·$Å^{-1}$	0.03
收敛条件	Max. stress/GPa	0.05
	Max. displacement/Å	0.001
	截断能/eV	700
	布里渊 K 格子值	$1×2×1$
	赝势	超软赝势
	算法	BFGS

与铅离子水合物相比，铁（Ⅱ）离子的 2~4 分子水合物其 Fe—O 键几乎都位于同一平面内，而并非铅离子吸附水的同侧分布，且吸附水分子分布对称性较好；五水合物的构型与铅离子的有较大差异，5 个水分子在空间分布上出现全向吸附而非单侧吸附，其中有 3 个水分子的分布几乎与 Fe（Ⅱ）离子位于同一平面，另外两个水分子则分别位于该平面的两侧对称吸附；Fe（Ⅱ）离子六水合物与铅离子类似水分子全向吸附，但吸附水分子分布对称性好。

为了解析 Fe（Ⅱ）离子各水合物构型与成键的联系，分别对各种水合物

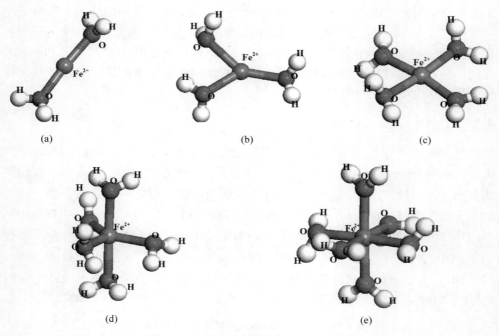

图 4-22　Fe²⁺水化作用优化结果示意图

（a）$Fe(H_2O)_2^{2+}$；（b）$Fe(H_2O)_3^{2+}$；（c）$Fe(H_2O)_4^{2+}$；（d）$Fe(H_2O)_5^{2+}$；（e）$Fe(H_2O)_6^{2+}$

Fe—O 的键长与布居数进行了计算，结果见表 4-12。

表 4-12　Fe²⁺水合物 Fe—O 键长与布居数

水合产物	Fe—O 键长/Å	布居数	水合产物	Fe—O 键长/Å	布居数
$Fe(H_2O)_2^{2+}$	1. 952	0. 07	$Fe(H_2O)_5^{2+}$	2. 073	0. 01
	1. 973	0. 07		2. 143	-0. 01
$Fe(H_2O)_3^{2+}$	2. 048	-0. 13		2. 158	-0. 05
	2. 096	0. 01		2. 161	-0. 01
	2. 184	-0. 03	$Fe(H_2O)_6^{2+}$	2. 127	-0. 02
$Fe(H_2O)_4^{2+}$	2. 057	0. 12		2. 146	-0. 03
	2. 064	0. 08		2. 181	-0. 03
	2. 086	0. 08		2. 187	-0. 03
	2. 089	0. 10		2. 192	-0. 01
$Fe(H_2O)_5^{2+}$	2. 044	-0. 09		2. 212	-0. 02

表 4-12 的结果显示，Fe（Ⅱ）离子的各水合物 Fe—O 键长范围在 1. 952 ~ 2. 212Å 之间，其中 Fe（H₂O）₂²⁺ 中 Fe—O 键长分别为 1. 952Å 和 1. 973Å 以及 $Fe(H_2O)_3^{2+}$ 的 2. 048Å，与 Luciana Guimaraães 等人的计算［$Fe(OH)_2(H_2O)_2$］的 Fe 与 H₂O 的键长 1. 982Å 和 2. 031Å 较为接近，其余水合物键长均在文献 ［262~267］

给出的 2.07~2.19Å 范围内。$Fe(H_2O)_6^{2+}$ 六水合物的 4 个赤道向 Fe—O 键长较为接近，而轴向的两个 Fe—O 键一长一短，这一规律与文献 ［221］ 中计算结果一致，文中虽未对五配体的产物进行计算，但报道了一个水分子被氢氧根替代的 $[Fe(OH)(H_2O)_5]^+$ 六配体最终会失去两配体转变成四配体合物，这说明五水合物或五配体产物可能为非稳态过渡结构。

从各配位水合物的 Fe—O 布居数可以看到，除 $Fe(H_2O)_2^{2+}$ 及 $Fe(H_2O)_4^{2+}$ 外，其余水合物的 Fe—O 布居数绝大部分为负值，成键以反键为主，表明生成产物能量较高，处于非稳态；二水合物与四水合物的 Fe—O 布居数均为正，成键性质偏向于形成共价键，处于稳态；三水合物则形成了一个较弱的共价键及两个反键，说明该产物的稳定性也较差，可能属于二水合物与四水合物之间的一个过渡产物。由此可知，Fe（Ⅱ）离子存在两种稳态水合物，即二配体和四配体水合物。

根据溶液化学计算结果，考虑到在 pH 值为 7 附近，溶液中可能出现$Fe(OH)^+$ 及 $Fe(OH)_2$ 两种化学组分，计算采用$[Fe(OH)(H_2O)_5]^+$ 及对位-$[Fe(OH)_2(H_2O)_2]$ 两种羟基水合物模型，几何优化计算参数与计算多分子水合物一致，优化前后的结果见图 4-23 和表 4-13。

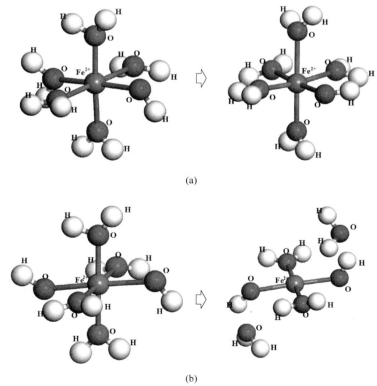

(a)

(b)

图 4-23　Fe^{2+}羟基水合物几何优化前后示意图

(a) $[Fe(OH)(H_2O)_5]^+$；(b) $[Fe(OH)_2(H_2O)_4]$

表 4-13　Fe^{2+}羟基水合物几何优化前后 Fe—O 键长与布居数

水合产物	优化前	优化后	
	Fe—O 键长/Å	Fe—O 键长/Å	布居数
[Fe(OH)(H$_2$O)$_5$]$^+$	1.913	2.173	-0.03
	1.970	2.158	-0.04
	2.130	2.169	-0.03
	2.138	2.144	-0.04
	2.154	2.170	-0.03
	2.184（Fe—OH）	1.905（Fe—OH）	-0.05
[Fe(OH)$_2$(H$_2$O)$_2$]	1.913	—	—
	1.970	2.130	0.06
	2.130	2.089	0.09
	2.138	—	—
	2.154(Fe—OH)	1.893(Fe—OH)	0.12
	2.184(Fe—OH)	1.910(Fe—OH)	0.10

　　Fe^{2+}的羟基水合物模型是在它的六分子水合物模型基础上建立的，将其中一个或两个水分子替换为羟基，因此两种羟基水合物的水分子氧与亚铁离子之间具有相同的初始距离。模型经几何优化，一羟基水合物的构型前后基本没有发生太大变化，Fe—O 之间成键依然为反键，Fe—OH 具有更短的键长及更强的成键作用，Fe—OH$_2$则相反，最终形成的稳定产物为六配体的一羟基水合物 [Fe(OH)(H$_2$O)$_5$]$^+$。亚铁离子的二羟基水合物则有较大的区别，几何优化后，位于同一平面的两个水分子及两个羟基与 Fe^{2+}键合，Fe—O 的键布居数全部为正值表明成键性质偏向于共价键，另外两个水分子分别滑移远离 Fe^{2+}逐渐靠近两个羟基，与 Fe^{2+}无明显键合作用，且水分子的 O 原子偏向羟基的 H 原子，极有可能是通过氢键的方式发生吸附，因此稳定的亚铁离子二羟基水合物是四配体的平面状构型[Fe(OH)$_2$(H$_2$O)$_2$]。两种羟基水合物优化后最稳定结构结果与 Luciana Guimaraães 等人[221]的研究结果相似，有所不同的是本节中 Fe—O 的键长略微偏长，但均在实验值的变动范围之内，造成差异的原因可能与使用的计算泛函不同有关。

　　对比两种羟基水合物的成键作用不难看出，二羟基水合物[Fe(OH)$_2$(H$_2$O)$_2$] 比一羟基水合物[Fe(OH)(H$_2$O)$_5$]$^+$更稳定，前者成键以共价键为主，后者则为反键，同时更高的布居数也意味着更强的成键作用；另一方面，在荷电特性上 [Fe(OH)$_2$(H$_2$O)$_2$] 呈电中性，而[Fe(OH)(H$_2$O)$_5$]$^+$带有一单位电荷，更容易与外界极性物反应，化学性质更活泼。这预示着一羟基水合物结构更有可能作为活化黑钨矿浮选的成分。

4.3.2.3　铁（Ⅲ）离子水化作用

铁（Ⅲ）离子在水溶液中的水化作用已有较多的研究基础[268~271]，一般认为铁（Ⅲ）离子水化生成六配体的水合物$[Fe(H_2O)_6]^{3+}$，根据配位场理论，这主要是由于 d 轨道能级分裂使得六配体出现简并能级更低的价电子构型 $t_{2g}^3 e_g^2$ 所致。本节中采用密度泛函直接计算六配体的铁（Ⅲ）离子水合物，计算参数设置见表 4-14，优化后的模型如图 4-24 所示。

表 4-14　Fe^{3+}水化作用几何优化收敛测试参数

计　算　参　数		$Fe(H_2O)_6^{3+}$
	模块	Castep
	函数	GGA-PBE
	Energy/eV · atom^{-1}	$1×10^{-5}$
收敛条件	Max. force/eV · Å^{-1}	0.03
	Max. stress/GPa	0.05
	Max. displacement/Å	0.001
	截断能/eV	700
	布里渊 K 格子值	1×2×1
	赝势	超软赝势
	算法	BFGS

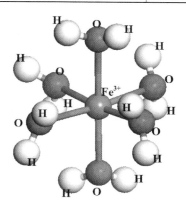

图 4-24　六配体 Fe^{3+} 水化物优化结果示意图

由图 4-24 来看，$[Fe(H_2O)_6]^{3+}$的构型与 $[Fe(H_2O)_6]^{2+}$类似，Fe（Ⅲ）离子位于中心与周围 6 个水分子组成全向的正八面体构型，相对称的两个水分子之间的二面角接近 180°，各 Fe—O 的键长及布居数见表 4-15。

表 4-15　$[Fe(H_2O)_6]^{3+}$ 的 Fe—O 键长与布居数

水合产物	Fe—O 键长/Å	布居数	水合产物	Fe—O 键长/Å	布居数
$Fe(H_2O)_6^{3+}$	2.077	0.02	$Fe(H_2O)_6^{3+}$	2.079	0.04
	2.077	0.02		2.081	0.05
	2.079	0.05		2.083	0.04

从表 4-15 可知，Fe—O 的键长在 2.077~2.083Å 之间，比较接近于 Dan Harris and Gilda H. Loew[268] 采用 DFT-BPW91 的计算结果 1.95~2.12Å 及 BLYP 结果 1.95~2.13Å，这主要与计算过程中选择的 Fe(Ⅲ) 自旋量子数有关，且当 Fe(Ⅲ) 结合的水分子配体数不同键长也会发生变化，配体数越小则键长越短；Bernd Kallies 与 Roland Meier[270] 的 DFT 计算结果为 2.05Å，Sami Amira 等人[271] 采用分子动力学计算的结果则为 1.96~1.99Å，实验值一般在 1.98~2.05Å。

在前面溶液化学分析里已经提到，在给定的 pH 值及离子浓度范围内，Fe(Ⅲ) 无论在界面区域还是溶液环境中优势组分均为 $Fe(OH)_3$ 沉淀，这意味着当 Fe(Ⅲ) 进入水相后基本不存在游离态的 Fe(Ⅲ) 而全部水解转化为沉淀物质。根据 Heitor Avelino 等人[269] 的研究结果，当水相溶液中存在氢氧根时，铁(Ⅲ) 能够与之形成 1~4 配体的多种羟基水合物，不同数量羟基水合物的构型也有差异，他们用 BP86/DZVP 算法最后的计算结果显示形成 $[Fe(OH)_3(H_2O)_2]$ 五配体水合物构型最稳定。本节在 $[Fe(H_2O)_6]^{3+}$ 六配体水合物的基础上，用 3 个羟基取代 3 个水分子，再进行几何优化，最后得到的三羟基水合物如图 4-25 所示，计算参数设置见表 4-16。

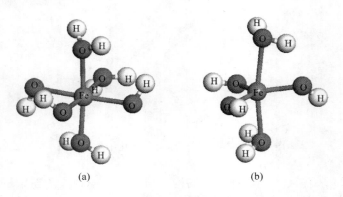

(a)　　　　　　　　　　　(b)

图 4-25　三羟基 Fe^{3+} 水合物优化结果示意图

(a) 优化前；(b) 优化后

表 4-16 Fe^{3+} 水化作用几何优化收敛测试参数

计 算 参 数		$Fe(OH)_3(H_2O)_3$
	模块	Castep
	函数	GGA-PBE
	Energy/eV·atom^{-1}	1×10^{-5}
	Max. force/eV·Å^{-1}	0.03
收敛条件	Max. stress/GPa	0.05
	Max. displacement/Å	0.001
	截断能/eV	700
	布里渊 K 格子值	$1\times2\times1$
	赝势	超软赝势
	算法	BFGS

几何优化最终得到了一个五配体的 $[Fe(OH)_3(H_2O)_2]$ 三羟基水合物，其中优化前与 3 个羟基共面的水分子优化后便远离了铁离子，剩余的 3 个羟基重构后呈 "Y 型" 共面分布，而位于两极的两个水分子与铁离子出现了一定程度的夹角。由初始六配体结构最终形成五配体的三羟基水合物表明五配体结构是铁离子三羟基水合物的最稳定构型，这一结果与文献中的结论一致。从布居数及键长结果（表 4-17）来看，5 个配体氧原子与铁离子的成键形式均为共价键，3 个羟基氧原子与铁离子的键长在 1.846Å ~ 1.884Å 之间，远小于水分子配体氧与铁离子的键长，布居数较大，成键作用更强，另外两个水分子的布居数偏小，成键作用则弱得多。这种成键特性远强于铁离子的六配体水合物 $[Fe(H_2O)_6]^{3+}$ 的成键作用，而与亚铁离子的二羟基水合物有相似之处，即羟基与中心离子的作用显著强于水分子作用。这种作用可能是导致溶液中出现 $Fe(OH)_2$ 和 $Fe(OH)_3$ 胶体沉淀的重要原因。

表 4-17 Fe^{3+} 羟基水合物几何优化前后 Fe—O 键长与布居数

水合产物	优化前	优化后	
	Fe—O 键长/Å	Fe—O 键长/Å	布居数
	2.056（Fe—OH）	1.884（Fe—OH）	0.32
	2.071	2.298	0.01
$[Fe(OH)_3(H_2O)_2]$	2.122（Fe—OH）	1.846（Fe—OH）	0.35
	2.129	2.320	0.00
	2.129	—	—
	2.224（Fe—OH）	1.878（Fe—OH）	0.33

4.3.2.4　铜离子水化作用

铜（Ⅱ）离子在气相中的容易形成配体数低的配合物[272]，而在水溶液中则能形成多种配体数的水合物，配体数范围一般为2~6，有时在同一水溶液中能同时出现多种配体数的水合物，但并非所有水合物都能稳定存在，部分水合物仅为过渡态。Jaroslav V. Burda 等人[220]曾通过 DFT 方法计算过 Cu(Ⅱ) 与 2 到 6 水分子配合物的水化能及成键情况，从而得出 Cu(Ⅱ) 的多配体水合物中 4 或 5 配体水合物的稳定性最强的结果；而 Adri C. T. van Duina 等人[273]的分子动力学模拟结果则显示，一个 Cu(Ⅱ) 离子在 216 个水分子组成的水相体系中最先出现四配体水合物，进而很快转化为五配体水合物，但最终会转变成六配体水合物。本节为了验证铜（Ⅱ）离子的水合物稳定性，同时也方便与铅离子、铁（Ⅱ）离子的水合物做比对，模拟计算选取铜（Ⅱ）离子配体数范围 2~6。最终计算模拟的铜离子水合产物示意图如图 4-26 所示。各水合物主要成键键长与布居数见表 4-18。

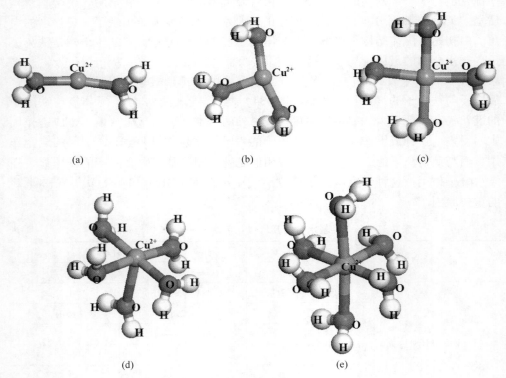

(a)　　　　　　　　　　(b)　　　　　　　　　　(c)

(d)　　　　　　　　　　(e)

图 4-26　Cu^{2+} 水化作用优化结果示意图

(a) $Cu(H_2O)_2^{2+}$；(b) $Cu(H_2O)_3^{2+}$；(c) $Cu(H_2O)_4^{2+}$；(d) $Cu(H_2O)_5^{2+}$；(e) $Cu(H_2O)_6^{2+}$

表 4-18 Cu²⁺水化物 Cu—O 键长与布居数

水合产物	Cu—O 键长/Å	布居数	水合产物	Cu—O 键长/Å	布居数
$Cu(H_2O)_2^{2+}$	1.874	0.11	$Cu(H_2O)_5^{2+}$	2.022	-0.08
	1.880	0.10		2.036	-0.12
$Cu(H_2O)_3^{2+}$	1.915	0.08		2.042	-0.11
	1.921	0.06		2.314	-0.02
$Cu(H_2O)_4^{2+}$	1.927	-0.06	$Cu(H_2O)_6^{2+}$	2.022	-0.13
	2.010	-0.15		2.026	-0.13
	2.015	-0.14		2.032	-0.11
	2.030	-0.16		2.043	-0.11
	2.033	-0.17		2.451	-0.03
$Cu(H_2O)_5^{2+}$	1.983	-0.13		2.461	-0.01

对比 5 种水合物的键长及布居数可知，Cu^{2+}与二、三水合物水分子是以共价键成键为主，键长较短，四至六水合物则以反键为主，键长较长；五水合物中一个键长为 2.314Å，布居数为 -0.02，六水合物中两个较长反键，一个为 2.451Å 另一个为 2.461Å，布居数分别为 -0.03 及 -0.01，这些键的键能较低，成键强度弱，相比四水合物的成键情况，可以看出，Cu^{2+}的水合物配体数为 4 时稳定性较强，当配体数高于 4 时，多出的水分子与中心离子的键合作用较弱；配体数为 4 时，稳定的构型为平面构型，当配体数大于 4 时，水合物偏向于全向排列，位于两极处的水分子与中心离子的作用较弱，位于赤道向的 4 个水分子作用较强，这些现象比较符合 Jaroslav V. Burda 等人[273]的研究结果。

溶液化学计算结果显示，在浮选适宜的溶液环境及界面区域内，溶液中的优势组分可能为 $Cu(OH)^+$或 $Cu(OH)_2$ (s)，根据 Cu^{2+}水合物计算结果可知四水合物较为稳定，且配体数不会大于 6，因此采用初始配体数为 6 的一羟基水合物 $[Cu(OH)(H_2O)_5]^+$与对位-二羟基水合物 $[Cu(OH)_2(H_2O)_4]$来进行几何优化计算。优化前后结果如图 4-27 所示，Cu—O 键长及布居数情况见表 4-19，采用的计算参数设置与水合物的一致。

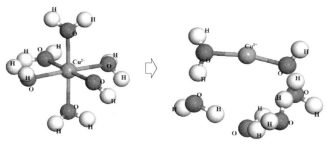

(a)

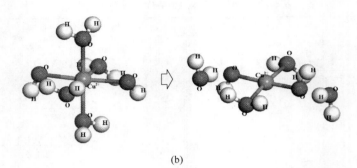

(b)

图 4-27　Cu^{2+} 羟基水合物优化结果示意图

（a）羟基水合物优化前后；（b）二羟基水合物优化前后

表 4-19　Cu^{2+} 羟基水合物几何优化前后 Cu—O 键长与布居数

水合产物	优化前	优化后	
	Cu—O 键长/Å	Cu—O 键长/Å	布居数
	2.057	1.872	0.15
	2.131	—	—
	2.144	—	—
$[Cu(OH)(H_2O)]^+$	2.161	—	—
	2.169	—	—
	2.138（Cu—OH）	1.818（Cu—OH）	0.30
	2.131	—	—
	2.144	2.040	0.03
	2.161	—	—
$[Cu(OH)_2(H_2O)_2]$	2.169	2.037	0.03
	2.138（Cu—OH）	1.904（Cu—OH）	0.23
	2.185（Cu—OH）	1.911（Cu—OH）	0.23

　　从优化结果可以看到，六配体的一羟基水合物最终的稳定结构变为二配体（一个羟基一个水分子），二羟基水合物稳定结构为四配体（两个羟基两个水分子），其余水分子滑移至外层。Cu^{2+} 二羟基水合物 $[Cu(OH)_2(H_2O)_2]$ 的空间构型类似于亚铁离子的二羟基水合物 $[Fe(OH)_2(H_2O)_2]$，与羟基连接的 Cu—O 键

具有较强的成键作用，与水分子的成键作用则相对较弱，且成键性质主要为共价键；而一羟基水合物则与 Pb^{2+}、Fe^{2+} 的均不相同，首先配体与 Cu^{2+} 的成键性质为共价键，且成键强度高，其次配体数低，大多数水分子脱离了第一水化层。这样的键合作用表明 Cu^{2+} 的羟基水合物相比水合物具有更高的稳定性，在含游离羟基的溶液环境中更容易生成。

4.3.3　金属离子水合物在（010）-C 面的吸附

4.3.2 节讨论了各种金属离子的水合物形式，本节主要讨论 4 种金属离子水合物（包括羟基络合物）在（010）-C 面的吸附情况。4 种金属离子与水分子形成主要络合物包括：$Pb(H_2O)_5^{2+}$、$Fe(H_2O)_2^{2+}$、$Fe(H_2O)_4^{2+}$、$[Fe(H_2O)_6]^{3+}$、$Cu(H_2O)_4^{2+}$，它们在水化（010）-C 面吸附情况如图 4-28(a)~(e) 所示。

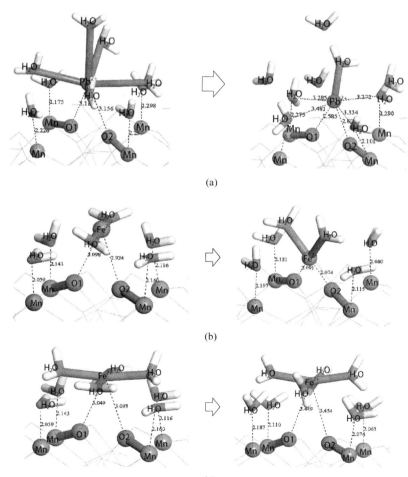

(a)

(b)

(c)

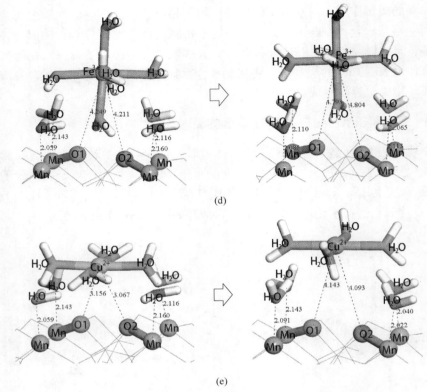

图 4-28   4 种离子水合物在（010）-C 面的吸附示意图

（a）[Pb(H$_2$O)$_5$]$^{2+}$在(010)-C 面的吸附模拟；（b）[Fe(H$_2$O$_2$)]$^{2+}$在(010)-C 面的吸附模拟；

（c）[Fe(H$_2$O)$_4$]$^{2+}$在(010)-C 面的吸附模拟；（d）[Fe(H$_2$O)$_6$]$^{3+}$在(010)-C 面的吸附模拟；

（e）[Cu(H$_2$O)$_4$]$^{2+}$在(010)-C 面的吸附模拟

从图 4-28（a）可以看到，铅离子的五水合物模型经弛豫之后能够与（010）-C 面的不饱和氧原子发生吸附，且由于受水合物的空间构型影响，水合物的多个络合水分子在中心铅离子靠近不饱和氧原子的过程中发生解离，导致水合物构型被破坏，而铅离子则在表面牢固吸附；图 4-28（b）与图 4-28（c）显示亚铁离子水合物 [Fe(H$_2$O)$_2$]$^{2+}$能够在表面发生吸附，[Fe(H$_2$O)$_4$]$^{2+}$则不能，这与水合物构型稳定性有一定的联系，[Fe(H$_2$O)$_2$]$^{2+}$的亚铁离子在与表面不饱和氧吸附后，络合的两个水分子发生重构，与亚铁离子、不饱和氧原子组成了类似四水合物的四面构型，而 [Fe(H$_2$O)$_4$]$^{2+}$由于本身络合的 4 个水分子稳定性高，无法进一步与不饱和氧吸附；[Fe(H$_2$O)$_6$]$^{3+}$（见图 4-28（d））与 [Cu(H$_2$O)$_4$]$^{2+}$（见图4-28（e））也与 [Fe(H$_2$O)$_4$]$^{2+}$的情况类似，它们的构型稳定性较高，难以与表面不饱和氧作用从而无法在表面吸附。

4 种金属离子与水分子及羟基形成主要羟基络合物包括：$[Pb(OH)(H_2O)_2]^+$、$[Fe(OH)(H_2O)_5]^+$、$[Fe(OH)_2(H_2O)_2]$、$[Fe(OH)_3(H_2O)_2]$、$[Cu(OH)(H_2O)]^+$、$[Cu(OH)_2(H_2O)_2]$，它们在水化 (010)-C 面吸附情况如图 4-29 所示。

图 4-29 （a）显示 $[Pb(OH)(H_2O)_2]^+$ 在 (010)-C 面与 $[Pb(H_2O)_5]^{2+}$ 一样具有类似的吸附行为，与铅离子作用的水分子会发生解离，而羟基和表面不饱和氧原子则与铅离子牢固吸附，羟基络合物的构型被破坏；亚铁离子的羟基络合物出现了四配体、六配体的空间构型（见图 4-29（b）、（c）），与水合物类似的，同样阻碍了亚铁离子与表面不饱和氧的作用，因而无法吸附；铁离子的三羟基络合物（见图 4-29（d））中心离子与配体之间 Fe—O 键的作用非常强，因而络合物构型非常稳定，位于络合物中心的铁离子无法再与表面不饱和氧发生键合，除此之外，铜离子的两种羟基络合物（见图 4-29（e）、（f））也具有类似的特性。

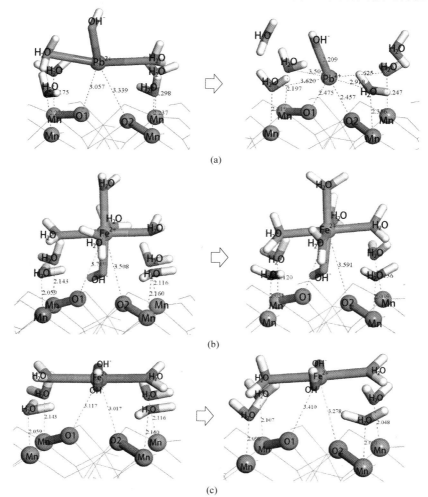

(a)

(b)

(c)

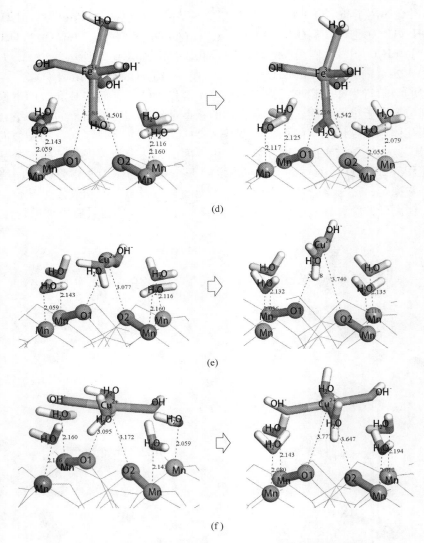

图 4-29 4 种离子羟基络合物在（010）-C 面的吸附示意图

（a）［Pb(OH)(H₂O)₂］⁺在（010）-C 面的吸附模拟；（b）［Fe(OH)(H₂O)₅］⁺在（010）-C 面的吸附模拟；

（c）［Fe(OH)₂(H₂O)₂］在（010）-C 面的吸附模拟；（d）［Fe(OH)₃(H₂O)₂］在（010）-C 面的吸附模拟；

（e）［Cu(OH)(H₂O)］⁺在（010）-C 面的吸附模拟；（f）［Cu(OH)₂(H₂O)₂］在（010）-C 面的吸附模拟

　　观察上述各金属离子配合物的空间构型以及其在黑钨矿（010）-C 面的吸附特征，可以发现影响配合物在表面吸附的主要因素是其空间构型以及中心金属离子与配体结合作用的强弱。当中心金属离子吸附较多的配体时，由于配体的排列方式引起空间位阻效应从而影响吸附，或中心离子与配体结合作用强时，则很难再与表面吸附质点的形成稳定作用。本节中讨论的金属离子配合物形式虽然在水化作用形成过程中被认为是优势组分，但在实际溶液环境中仍然会存在金属离子的其他过渡或不稳定态水合物形式，这些水合物形式存在在黑钨矿表面吸附的可能性。本节中铅离子的水合物 $[Pb(H_2O)_5]^{2+}$、羟基络合物 $[Pb(OH)(H_2O)_2]^+$ 及 Fe^{2+} 的水合物 $[Fe(H_2O)_2]^{2+}$ 在表面最终吸附时会与表面原子及周围配体发生重构形成一个类似于稳定水化物的空间构型，因此后续计算模拟考虑当金属离子在表面吸附后可能出现的最终吸附形式出发。

4.3.4　铅离子在（010)-C 面的吸附模拟

由第 3 章中对（010)-C 面吸附水分子的模拟结果可知，（010)-C 面上的 Fe 和 Mn 原子为水分子的主要吸附质点，并且一个质点上可吸附两个水分子，但每个吸附质点优先吸附一个水分子时，临近的水分子之间互相存在位阻效应，同时从吸附能的大小来看，第二个水分子的吸附能要远小于第一个水分子，可见单个水分子的吸附方式较为稳定，在这里只考虑质点吸附单个水分子的表面与金属离子的作用。在吸附了水分子的（010)-C 表面两 O 原子间位放置一个 Pb^{2+}，位于 4 个水分子之间，再将模型进行弛豫，结果如图 4-30 所示。为了便于比较 Pb^{2+} 对 Fe/Mn 质点活化作用的大小，表面模型选用了单一的质点。

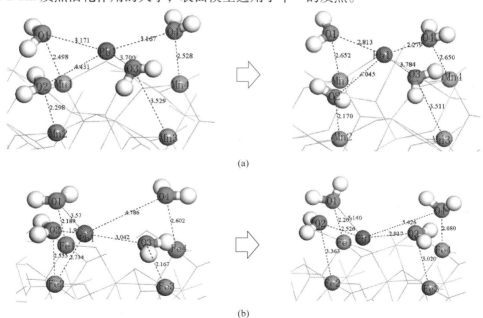

(a)

(b)

图 4-30　水分子、铅离子在（010)-C 铁锰质点吸附前后模型示意图

（a）水分子与铅离子在（010)-C 面 Mn 质点上的吸附；

（b）水分子与铅离子在（010)-C 面 Fe 质点上的吸附

在图 4-30 上可以看到，铅离子的加入对水分子在（010)-C 面上的吸附行为有了显著的影响。首先在图 4-30（a）中，Mn 质点上方的 4 个水分子 O 原子与 Pb 离子的距离分别为 O1-Pb1 = 3.171Å、O2-Pb1 = 4.431Å、O3-Pb1 = 3.700Å、O4-Pb1 = 3.167Å，根据 Juan Wang 等人对 Pb 离子与多分子水的水化作用研究计算模拟的结果，Pb—O 的水化作用的距离在 3.7Å 内，因此有 2 个水分子距离 Pb 离子较远，可能处于作用范围之外，2 个则处于作用范围之内。经弛豫之后，分别变为 2.813Å、4.045Å、3.784Å、2.279Å，可见处于较远的两个水分子与铅离子的距离 O2-Pb1、O3-Pb1 仍然处于水化作用范围以外，说明与铅离子之间作用的可能性很低，而 O1-Pb1、O4-Pb1 的距离则大幅缩减，符合 Juan Wang 等人报道的铅离子水化作用的合适成键范围，说明有可能发生键合。另一方面，距离铅离子较远的 O2、O3 原子，O2-Mn2、O3-Mn3 的距离分别由 2.298Å、3.529Å 变为 2.170Å、3.511Å，弛豫前后的变化不大，表明在铅离子的水化作用范围之外，水分子依然保持水分子在表面吸附的规律，在与 Mn 质点成键范围之内则发生吸附，反之则不吸附；然而，靠近铅离子的 O1、O4 原子，O1-Mn1、O4-Mn4 的距离却由 2.498Å、2.528Å 增加到 2.652Å、2.650Å，大于水分子氧在 Mn 质点上的吸附距离，这表明水分子与铅离子的水化作用要强于在 Mn 质点上的吸附作用。

在图 4-30（b）中，O1、O2、O3 均在与铅离子发生水化作用的范围之内，O4 则离铅离子较远，弛豫前后，它们的运动规律与图 4-30（a）中的类似，但更加值得注意的是，O1、O3 原子在弛豫之前与 Fe1、Fe3 的距离已位于吸附成键范围之内，O1-Fe1、O3-Fe3 分别为 2.189Å、2.167Å，说明水分子已在 Fe 质点上发生吸附，但弛豫后却增大至 2.526Å、3.020Å，水分子从 Fe 质点脱附，最终与铅离子发生吸附。这就表明铅离子不仅自身可在黑钨矿表面吸附外起到提供额外的吸附质点，同时会引起邻近的水分子从黑钨矿表面脱附，从而起到降低黑钨矿表面水化作用的活化效果。

实际中黑钨矿的浮选环境溶液 pH 值一般为中性偏弱碱性，不可避免地导致溶液中离子羟基水合物的出现，黑钨矿表面也可能出现羟基化，因此金属离子在表面质点吸附应同时考虑羟基的影响。结合溶液化学计算及铅离子羟基水合物的模拟计算结果，引入水分子、羟基、铅离子在表面质点共吸附的模型如图 4-31 所示。

从图 4-31 中可以看到，在（010)-C 表面铁锰质点附近引入羟基后，铅离子经优化后逐渐移向羟基的氧原子，两者的距离显著缩短至 Pb—O 成键距离。虽然铅离子对邻近的水分子有一定的吸附作用，但对比未引入羟基吸附作用下降，在锰质点附近表现显著，引入羟基后铅离子可同时吸附邻近的水分子数减少了一个；且从水分子、羟基吸附构型来看，十分接近 4.3.4 节中得到的铅离子—羟基

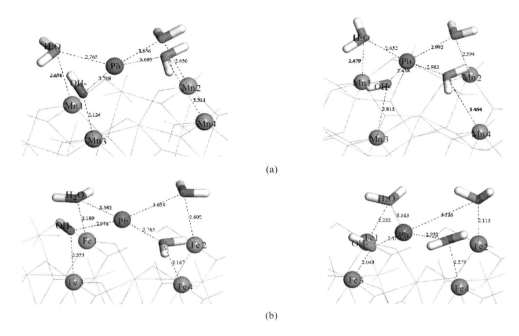

图 4-31　水分子、羟基、铅离子在（010）-C 铁锰质点吸附前后模型示意图
（a）水分子、羟基、铅离子在（010）-C 面锰质点的共吸附；
（b）水分子、羟基、铅离子在（010）-C 面铁质点的共吸附

水合物[Pb(OH)(H_2O)_2]^+构型，进一步证明铅离子羟基水合物模拟可信度高。另一方面，锰质点与铁质点上吸附现象的主要区别在于，锰质点对水分子和羟基的吸附能力要弱于铁质点，这从氧原子与两种质点之间的成键距离能够看出，锰质点上方的水分子或羟基也更容易被铅离子吸附。

4.3.5　铁（Ⅱ）、铁（Ⅲ）及铜（Ⅱ）离子在（010）-C 面的吸附模拟

参照 4.3.4 节铅离子在（010）-C 面吸附的模型，建立铁（Ⅱ）、铁（Ⅲ）、铜离子在（010）-C 面的吸附模型，如图 4-32(a)~(d)所示。

从图 4-32（a）、（b）可以看到，模型弛豫后，Fe(Ⅱ)离子与晶面不饱和氧原子的距离逐渐缩短至成键范围（铁质点附近 Fe1-O1、Fe1-O6 分别由 2.776Å、2.497Å 变为 1.987Å、1.944Å，锰质点，Fe1-O6 由 3.784Å 缩短至 1.997Å），但即使与 Fe、Mn 质点吸附水分子距离在成键距离之内，都无法使得水分子从质点脱附，吸附水分子弛豫后与质点距离缩短，与 Fe(Ⅱ)离子距离增加，这说明 Fe 离子虽然自身能在晶面吸附但无法活化已吸附水分子的其他质点。

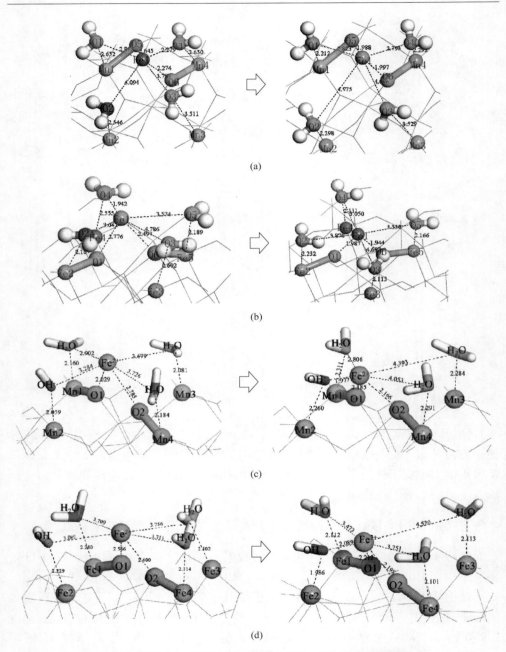

图 4-32　Fe(Ⅱ)、羟基、水分子在（010）-C 面质点的吸附模拟

（a）Fe^{2+}、水分子在（010）-C 面 Mn 质点的共吸附；（b）Fe^{2+}、水分子在（010）-C 面
Fe 质点的共吸附；（c）Fe^{2+}、羟基、水分子在（010）-C 面 Mn 质点的共吸附；
（d）Fe^{2+}、羟基、水分子在（010）-C 面 Fe 质点的共吸附当（010)-C 面存在羟基时（见图 4-32 （c）、（d）），羟基中的氧原子成为 Fe(Ⅱ) 在晶面不饱和氧原子外的吸附质点，但羟基氧原子另一端依然紧密连接着晶面的 Fe 或 Mn 质点；另一方面，晶面质点附近吸附的水分子，除 Mn 质点附近有一个水分子氧与 Fe(Ⅱ) 距离由 2.902Å 缩短至 2.806Å，其余水分子氧与 Fe(Ⅱ) 的距离均远大于成键距离。这表明 Fe(Ⅱ) 虽然能在（010)-C 面吸附，但无法活化羟基化及水化后的铁锰质点。对比 Pb^{2+} 与水分子的吸附，Fe(Ⅱ) 与水分子中的氧原子成键距离较短，导致 Fe(Ⅱ) 在晶面吸附时无法有效影响到周围多个水分子，这可能是 Fe(Ⅱ) 活化作用较弱的原因。

Fe(Ⅲ) 的吸附情况与 Fe(Ⅱ) 类似，仅从对水分子的吸附程度来看，前者的吸附能力要略微弱于后者。在图 4-33 （a）、（b）中可以看到在锰、铁质点模型上，Fe(Ⅲ) 首先在晶面的不饱和氧原子 O1、O2 上稳定吸附，再分别与 Mn3、Fe1、Fe3 原子上方的水分子吸附，且被吸附的水分子仅仅是在空间上偏向于 Fe(Ⅲ) 而并未从铁或锰质点上脱附，这与 Fe(Ⅱ) 的吸附现象是一致的。

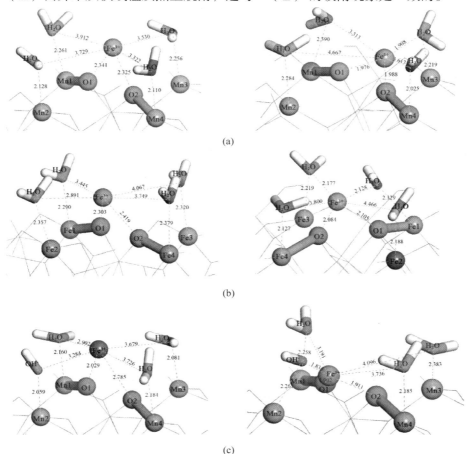

(a)

(b)

(c)

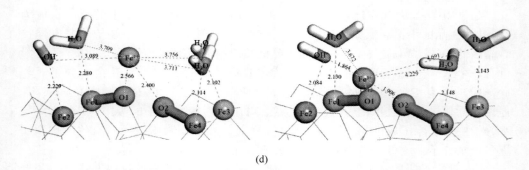

(d)

图 4-33　Fe(Ⅲ)、羟基、水分子在（010)-C 面质点的吸附模拟

(a) Fe (Ⅲ)、水分子在（010)-C 面 Mn 质点附近的共吸附；
(b) Fe (Ⅲ)、水分子在（010)-C 面 Fe 质点附近的共吸附；
(c) Fe (Ⅲ)、羟基、水分子在（010)-C 面 Mn 质点附近的共吸附；
(d) Fe (Ⅲ)、羟基、水分子在（010)-C 面 Fe 质点附近的共吸附

　　由 4.3.2.3 节 Fe(Ⅲ) 的水化作用生成羟基水化物的规律知道，Fe(Ⅲ) 的三羟基水合物虽然为五配体，但只有水合物中间共面的 3 个羟基配体与 Fe(Ⅲ) 的成键作用较强，两极的两个水配体与 Fe(Ⅲ) 成键作用则非常弱。当共吸附模型引入羟基后（见图 4-33（c）、（d）），Fe(Ⅲ) 基本只与晶面不饱和氧原子 O1、O2 及羟基氧原子作用，形成了一个类似三羟基水合物的三配体共面构型，而 Fe(Ⅲ) 与两极的水分子成键距离较远，从而失去了对水分子的吸附能力，同时被吸附的羟基氧原子另一端依然与铁或锰质点连接，并未出现羟基脱附现象。

　　Cu 离子在有无羟基存在的情况下，其吸附作用都与 Fe(Ⅲ)、羟基、水分子共吸附的情况类似（见图 4-34），即除了自身吸附于表面不饱和氧原子上，对邻近的水分子均无明显吸附作用，甚至 Cu 离子附近吸附质点仅存在单独一个水分子时，Cu 离子依然无法使其脱附。另外，在 Cu 离子、羟基、水分子共吸附模拟中，甚至 Cu 离子未能与羟基的氧原子发生键合。当 Cu 离子与羟基氧原子初始距离为 2.254Å，与两个晶面不饱和氧原子 O1、O2 初始距离分别为 2.282Å、2.268Å 时（见图 4-34（c）），Cu 离子优先与不饱和氧原子发生吸附导致其远离羟基氧原子，从而未能产生吸附。

　　综上所述，可以概括 Fe(Ⅱ)、Fe(Ⅲ) 及 Cu(Ⅲ) 离子与羟基、水分子在黑钨矿（010)-C 面锰铁质点吸附的有以下特点：（1）3 种吸附离子在晶面不饱和氧原子上发生吸附作用的强度及优先顺序要高于对质点上水分子的吸附，从成键距离来看，其作用强度与羟基氧原子的相近；（2）3 种离子对质点附近水分子的脱附效果要显著弱于 Pb^{2+}，其原因主要是 3 种离子与氧的成键距离较 Pb^{2+} 更短，在不饱和氧原子上吸附时难以与质点附近水分子达到有效的成键距离；（3）3 种离子与羟基的吸附作用优先于与水分子的吸附作用，这与离子、羟基氧原子的成键

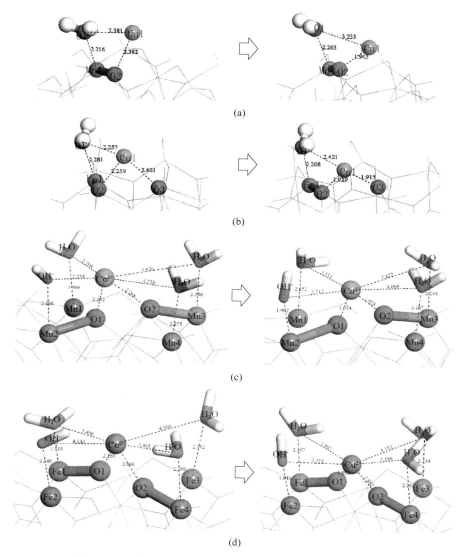

图 4-34 Cu^{2+}、羟基、水分子在（010）-C 面质点的吸附模拟

（a）Cu^{2+}、水分子在（010）-C 面 Mn 质点的共吸附；

（b）Cu^{2+}、水分子在（010）-C 面 Fe 质点的共吸附；

（c）Cu^{2+}、羟基、水分子在（010）-C 面 Mn 质点的共吸附；

（d）Cu^{2+}、羟基、水分子在（010）-C 面 Fe 质点的共吸附

作用更强、形成的羟基水合物稳定构型有关；（4）铁质点的水化作用要略微强于锰质点，因此锰质点上的水分子相比铁质点更易被离子吸附。

5 黑钨矿晶体表面与 BHA 分子吸附的作用机理

5.1 BHA 在黑钨矿晶体表面的吸附

虽然模拟 BHA 离子在没有溶液水分子参与的环境下不具有实际意义，但为了查明 BHA 在黑钨矿各晶面吸附作用强度、吸附质点类型及吸附方式，仍需模拟 BHA 与晶面质点的作用情况。与水分子、氧分子在表面吸附模拟的情况类似，分别设置单个 BHA 分子在（010）-C、（010）-A 及（001）-A 3 个表面 Fe、Mn、W 质点顶位进行弛豫，为了便于计算表面能及排除非同类质点引起表面结构过度重构对 BHA 离子吸附的影响，吸附基底使用 $MnWO_4$ 晶面或 $FeWO_4$ 晶面。由于两种基底吸附 BHA 时表现出同样的吸附方式，仅在吸附能大小有所区别，故下面以 $MnWO_4$ 基底吸附模型为例来说明 BHA 在各晶面的吸附情况，如图 5-1 所示。

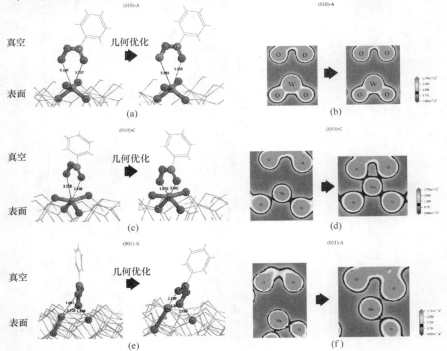

图 5-1 BHA 离子单独在各解理面吸附前后模型示意图及电荷密度分布图

（（a）、（c）、（e）分别为（010）-A、（010）-C 及（001）-A 表面几何优化前后的吸附模型示意图，（b）、（d）、（f）则分别对应各吸附模型上吸附质点与发生吸附作用的 BHA 几何优化前后的电荷密度分布图）

从图 5-1 可以发现，(010)-C 及 (001)-A 面上的 Mn(或 Fe) 质点与 BHA 离子末端的两个氧原子之间的距离弛豫后均缩短，同时从电荷密度分布图可以看到相关原子之间的电子云出现了明显的重叠，表面原子之间出现了键合作用，BHA 在 Mn(或 Fe) 质点发生吸附；但 (010)-A 面显示，BHA 在弛豫前后与 W 质点的距离反而增加，整个 BHA 离子远离了 (010)-A 面，同时电荷密度分布图也显示，W 质点与 BHA 氧原子之间并未出现键合作用，因此 BHA 未能在 W 质点上发生吸附。BHA 在 (010)-C 面与 (001)-A 面的吸附方式有所区别：在 (010)-C 面，电荷密度分布图显示 BHA 末端的两个氧原子与质点 Fe(Mn) 都有电子云的重叠，表明吸附现象是由质点 Fe(Mn) 与两个氧原子三者之间的相互作用所引起，这种吸附现象与许多文献中描述的 BHA 与质点之间形成五元环的螯合作用产生的吸附现象一致；而在 (001)-A 面，电荷密度分布图显示 BHA 离子仅靠近 N 原子一侧的 O 原子的电子云与吸附质点电子云存在显著重叠，表明吸附作用主要来自吸附质点与—N—O 的 O 原子两者之间。吸附作用的不同导致了 (001)-A 的吸附作用要低于 (010)-C。

BHA 在各表面不同质点上吸附的吸附能见表 5-1。由表中结果可知，BHA 与 (010)-C 的吸附能最大，其次为 (001)-A 面，最后为 (010)-A 面，其中 (010)-A 面的吸附能为负值表明，BHA 与 (010)-A 面之间没有吸附作用。3 种吸附质点对应的吸附能，Fe 质点要大于 Mn 质点，在 (010)-C 与 (001)-A 面上分别为 $1.876J/m^2$、$1.383J/m^2$ 及 $1.311J/m^2$、$0.769J/m^2$，表明 BHA 与 Fe 质点之间的吸附作用强度要普遍强于与 Mn 质点的吸附作用。

表 5-1　各解理面不同质点吸附 BHA 离子的吸附能

质　点　类　型		吸附能/$J \cdot m^{-2}$
		吸附一个 BHA
(010)-A 面	W 质点	-0.011
(010)-C 面	Fe 质点	1.876
	Mn 质点	1.383
(001)-A 面	Fe 质点	1.311
	Mn 质点	0.769

为了验证锰铁质点与 BHA 的作用关系强弱，以 BHA 作捕收剂浮选锰铁比不同的 4 种黑钨矿单矿物分别考察它们在不同 pH 值条件下的浮选情况，试验结果如图 6-1 所示。由结果可以看到，随着 pH 值的不断升高，黑钨矿的回收率逐渐上升，在 pH 值为 7~9 附近具有最高的回收率，随后下降。锰铁比高的黑钨矿与锰铁比低的黑钨矿回收率总体趋势一致，但前者回收率略微更低，说明 BHA 对于含 Mn 高的黑钨矿回收效果确实要弱于含铁高的黑钨矿，这一现象与模拟计算的推测结果是相符合的。

5.2　BHA 在水化作用表面的吸附

　　分别采用吸附单个水分子及两个水分子的 (010)-C 模型为基底，使用单一吸附质点的晶面模型，在一个吸附质点顶位放置一个 BHA 离子，距离吸附质点的距离在成键范围之内，然后进行几何优化，表面弛豫前后的示意图如图 5-2 所示。

　　图 5-2 (a)、(b) 显示，BHA 的两个 O 原子在弛豫前与预吸附质点 (Fe 或 Mn 原子) 的距离均在 2.7Å 左右，根据 5.1 节对 BHA 在质点上方吸附的模拟结果可知，这一距离已在成键范围之内。弛豫后，与 N 原子相邻的 O 原子与 Mn 的距离由 2.750Å 减小为 2.467Å，而另一个 O 原子则由 2.781Å 增加为 3.033Å，表明可能只有一个 O 原子参与了 BHA 与 Mn 质点的成键吸附，电荷密度分布图 5-1 的结果也很好的证明了这一结论。不过，Fe 质点的吸附模拟表明，BHA 末端的两个氧原子能与 Fe 质点以螯合形式发生吸附，同时单分子水亦能吸附，但可以观察到被吸附的 Fe 质点与吸附前位置发生较大偏移，凸出晶面，其内部与 BHA 分子吸附方向相对的 Fe—O 键可能已经发生断裂，以保持 Fe 与邻近氧原子的六配体结构。

　　由图 5-2 (c)、(d) 可知，BHA 的两个 O 原子在弛豫前与预吸附质点 (Fe 或 Mn 原子) 的距离均在 2.7Å 左右。弛豫后，BHA 出现显著的远离吸附质点的趋势，两个 O 原子与 Fe 或 Mn 原子的距离从 2.7Å 左右增加至 3.2Å 以上。从电荷密度分布图及差分电荷密度分布图上也能清楚地观察到，弛豫后 BHA 的 O 原子与晶面吸附质点 Fe 或 Mn 原子之间既没有出现电子云的明显重叠也没有电子迁移的趋势，这表明它们之间没有形成有效的价键作用，因此 BHA 未能发生吸附。

　　通过比较 BHA 及水分子单独在 (010)-C 面 Fe 或 Mn 质点发生吸附时的吸附能可以发现，BHA 吸附的表面能要显著大于水分子吸附的表面能，但本节的模拟吸附试验结果显示，BHA 仅当吸附质点表面优先吸附了一个水分子 (或不吸附水分子) 才能与质点发生吸附，即便 BHA 单独吸附时的吸附能要显著高于水分子单独吸附。其主要原因与吸附质点的成键轨道有关，Fe(Mn) 的成键轨道主要为 d 轨道，容易形成六配体正八面体构形的配合物，当质点吸附两个水分子形成稳定配体构形时，没有多余的成键轨道留给 BHA 的 O 原子，同时也由于吸附水分子的空间位阻效应，BHA 难以再与质点发生吸附。这一现象在 (001)-A 面也同样存在。

　　综合之前 BHA 在各面吸附模拟的结果可知，BHA 在黑钨矿表面的吸附主要以 (010)、(001) 面为主，而 (010) 面只有当出现 (010)-C 面时才具备 BHA 吸附的铁锰质点，同时黑钨矿表面的亲水性也不利于 BHA 的吸附。事实上，单独使用 BHA 加起泡剂浮选黑钨矿单矿物的回收率并不高 (见图 5-3)。

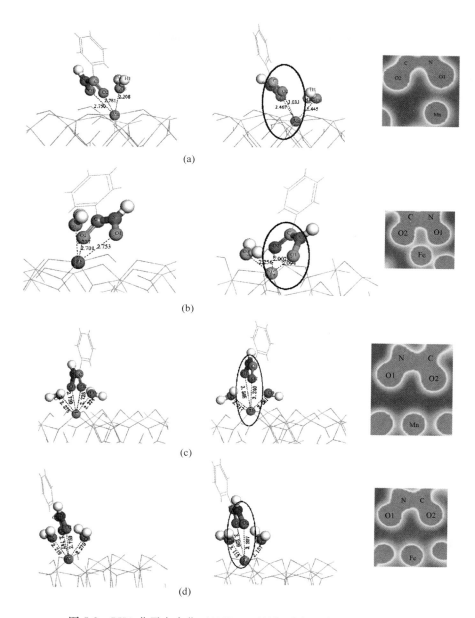

图 5-2 BHA 分子在水化 (010)-C 面铁锰质点吸附前后的示意图

(a) BHA 与单分子水在 (010)-C 面 Mn 质点上的吸附；

(b) BHA 与单分子水在 (010)-C 面 Fe 质点上的吸附；

(c) BHA 与多分子水在 (010)-C 面 Mn 质点上的吸附；

(d) BHA 与多分子水在 (010)-C 面 Fe 质点上的吸附

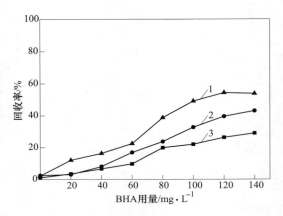

图 5-3　BHA 用量对不同粒级黑钨矿浮选的影响（松醇油用量为 20mg/L，采用的黑钨矿
单矿物铁锰比为 0.93 的锯板坑黑钨矿，浮选 pH 值为 6.5）

1—$-40\mu m$；2—$-50\mu m+40\mu m$；3—$-74\mu m+50\mu m$

由图 5-3 的结果来看，细粒级黑钨矿的回收率要高于粗粒级黑钨矿，随着 BHA 用量的增加，黑钨矿的回收率逐渐上升，而当 BHA 用量超过 100mg/L 后，黑钨矿的回收率增加的幅度下降，特别是细粒级黑钨矿回收率甚至有下降趋势。选取$-50\mu m+40\mu m$粒级 BHA 用量为 100mg/L 的浮选精矿和尾矿产品在体视显微镜下放大 100 倍照片，如图 5-4 所示。

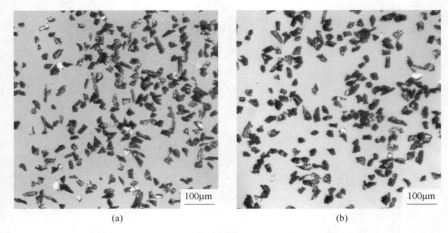

图 5-4　$-50\mu m+40\mu m$ 粒级黑钨矿浮选产品体视显微镜下照片
（a）浮选精矿；（b）浮选尾矿

从图 5-4 中可以清楚地看到，浮选精矿产品颗粒具有清晰完好的解理面，且形状绝大部分为片状、板状，而尾矿产品中除了块状、粒状解理面较差的颗粒之外，具备完好解理面的片状、板状颗粒虽不如精矿产品所占比例高，但仍然占有

一定比例。同时，BHA 用量上升而精矿回收率上升不明显表明 BHA 对黑钨矿的捕收能力有限，故结合之前计算模拟的结果，可以推断未进入精矿产品的这部分具完好解理面的黑钨矿颗粒是因为：（1）解理面暴露出较多 W 原子从而影响 BHA 在表面的吸附；（2）解理面的水化作用不利于质点吸附 BHA。

除了单矿物浮选产品，实际矿石浮选黑钨矿精矿产品中的黑钨矿在体视显微镜下同样表现出类似的情况，如图 5-5 所示。可以看到在体视显微镜下，实际矿石粗细两种粒级的浮选精矿产品中黑钨矿晶粒解离面清晰，绝大部分为板状或片状晶型。

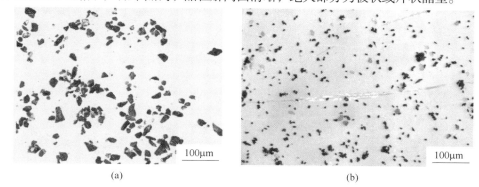

图 5-5　实际矿石浮选精矿产品体视显微镜照片
（a）粒级尺寸为 -50μm；（b）粒级尺寸为 -37μm

5.3　BHA 与金属离子、水分子、羟基的表面共吸附

在 5.2 节对金属离子在黑钨矿表面吸附行为的模拟中已经提到 Pb 与 Fe、Cu 在晶面上的吸附形式有较大的区别，本节主要讨论金属离子、水分子、羟基同时吸附的表面与 BHA 分子的作用情况。

5.3.1　BHA 在铅离子活化后的黑钨矿表面吸附模拟

结合前面的模拟结果可知，BHA 能在未吸附水分子的 Mn(Fe) 质点上吸附，且吸附作用优先于水分子的吸附，但难以在已吸附了足够水分子（2 个水分子）的质点上吸附；Pb 离子在吸附水分子的 (010)-C 面上除了自身能够发生吸附，还能够引起已吸附的水分子的脱附，这也是 Pb 离子的吸附作用与 Fe、Cu 离子的差异之处。本节主要目的为验证 Pb 离子这种使水分子脱附的作用是否有利于 BHA 的重新吸附，以及 Pb 离子本身能否吸附 BHA 离子。

以 4.3.1 节中的铅离子、水分子共吸附模型为基底，在介于吸附质点 Mn(Fe) 及铅离子之间插入一个 BHA 离子用以考查 BHA 优先吸附的选择性，另一模型则在铅离子的顶位放置一个 BHA 离子，以验证 BHA 能否与铅离子相互作用，模型弛豫前后的结果如图 5-6 和图 5-7 所示。

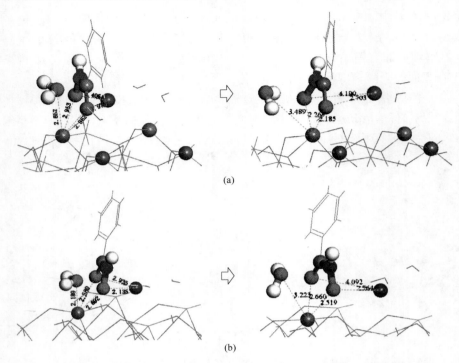

图 5-6　BHA 与铅离子在（010）-C 面 Fe、Mn 质点吸附前后模型
（a）BHA 在铅离子活化后（010）-C 面 Mn 质点吸附；
（b）BHA 在铅离子活化后（010）-C 面 Fe 质点吸附

　　从图 5-6 中可以看到，在吸附质点 Fe 或 Mn 附近插入一个 BHA 离子后，水分子与吸附质点的距离弛豫之后显著增大，BHA 则占据了水分子的初始位置，并且以两个原子与吸附质点同时作用形成五元环螯合物的吸附方式，这与 BHA 在不存在水分子时单独与吸附质点的作用方式是一致的，而根据 5.2 节的模拟结果，在水分子存在的情况下 BHA 以一个 O 原子与吸附质点吸附或者不能吸附，这表明铅离子的存在确实对表面 Mn（Fe）质点吸附 BHA 起到了活化作用。除此之外，还能观察到，BHA 的氧原子与铅离子的初始距离较近，在图 5-6（a）与图 5-6（b）中分别是 2.406Å、1.975Å 及 2.935Å、2.135Å，而弛豫之后它们的距离显著增大，BHA 逐渐远离铅离子。这一现象意味着，当 BHA 在活化后的 Fe 或 Mn 质点上的吸附要优先于与铅离子的吸附。

　　为了进一步查明 BHA 与铅离子的作用关系，设置了一个对比吸附模拟，即排除 Mn（Fe）质点的吸附作用仅考虑 BHA 离子在铅离子顶位的吸附行为，模型示意图如图 5-7 所示，以 Mn 质点的（010）-C 面为吸附面基底。

　　图 5-7 显示，该模型在弛豫前，铅离子与晶面的两个不饱和氧原子之间的距

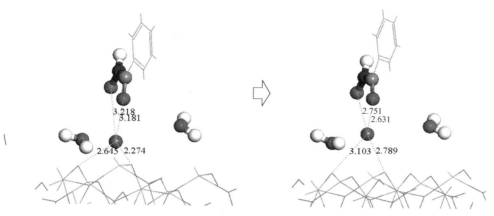

图 5-7 BHA 与铅离子在（010）-C 面优先吸附模型

离分别为 2.645Å、2.274Å，已在 Pb—O 成键距离之内，而弛豫后 BHA 与铅离子的距离由 3.218Å、3.181Å 分别缩小至成键距离 2.751Å、2.631Å，铅离子与晶面氧原子的距离却增大，这不仅说明了 BHA 能够与铅离子单独发生吸附，还表明 BHA 与铅离子的吸附优先于铅离子在晶面的吸附。

然而在体系中引入一个羟基时，吸附情况就发生了变化，如图 5-8 所示。弛豫前采用的是引入一个羟基后铅离子在（010）-C 面稳定吸附时的模型，在铅离子上方顶位放置一个 BHA 离子，再经过弛豫后发现 BHA 离子并未像图 5-7 中优先与铅离子发生螯合吸附作用，而是以脱氢的氧与 BHA 离子单独成键吸附，铅

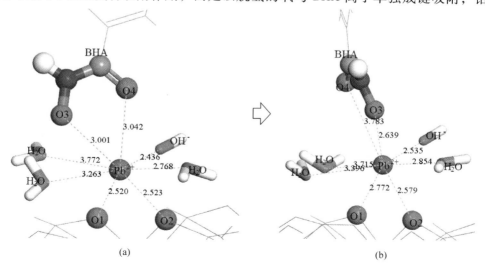

图 5-8 BHA 与羟基、铅离子在（010）-C 面吸附模型
（a）弛豫前；（b）弛豫后

离子与表面不饱和氧的距离也没有发生较大程度的增加。这说明羟基存在时与铅离子的络合作用会减弱铅离子与 BHA 的成键作用。

5.3.2   BHA 在铜、亚铁、铁离子吸附黑钨矿表面的吸附模拟

前面模拟结果表明铜、亚铁/铁离子在晶面存在吸附行为，仅仅是金属离子自身与晶面发生吸附，金属离子在晶面吸附后，特别是在羟基存在的条件下，无法引起吸附水分子的脱附，因此本节以同时吸附了铜、亚铁/铁离子、羟基、水分子的模型作为吸附基底，讨论 BHA 在其表面的吸附行为。吸附模型弛豫前后的情况如图 5-9 所示。

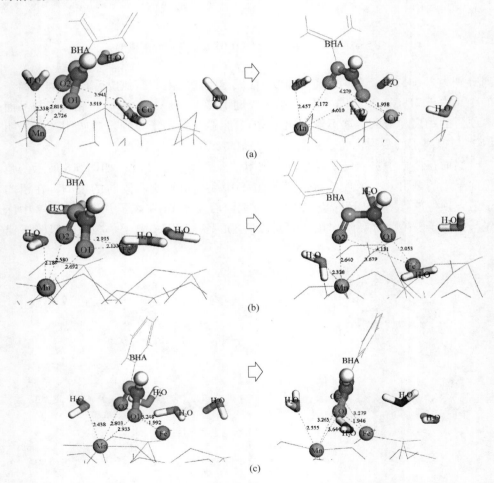

图 5-9   BHA 与铜、铁离子、亚铁离子在（010）-C 锰质点吸附前后模型示意图
（a）BHA 在铜离子吸附后（010）-C 面 Mn 质点吸附；（b）BHA 在铁离子吸附后（010）-C 面 Mn 质点吸附；
（c）BHA 在亚铁离子吸附后（010）-C 面 Mn 质点吸附

由于金属离子在 Fe 与 Mn 质点的吸附行为十分相似，这里以铜、铁、亚铁离子分别在 (010)-C 面 Mn 质点的吸附情况为例。由图 5-9 的结果可以看到，弛豫前，BHA 的两个氧原子与吸附质点 Mn 的距离处于成键范围，根据前面的模拟结果可知 BHA 分子应与 Mn 质点以五元环螯合方式成键，但从图 5-9 的结果来看，3 种离子吸附时，BHA 在表面质点上的螯合吸附方式都没有出现，BHA 末端碳氧双键相连的氧 O2 未与 Mn 质点发生键合，脱氢的氧 O1 与附近的铜、铁或亚铁离子发生键合，表明 BHA 优先与金属离子发生键合。

在上述吸附模型中引入一个羟基代替表面质点吸附的一个水分子，得到图 5-10 中 3 种金属离子与羟基、水分子共吸附的模型，考虑到 3 种金属离子的成键范围较铅离子小，难以自发使表面质点附近吸附的羟基或水分子脱附，故将羟基放置在金属离子的有效成键范围内以保证羟基与金属离子的吸附能够进行。

由图 5-10 可知，铜离子、铁离子在吸附羟基后同时与表面不饱和氧形成较强的共价键，铜离子与一个不饱和氧及羟基氧构成了直线型二配体构型，铁离子则与两个不饱和氧和羟基氧构成了 Y 型三配体构型，类似它们羟基络合物的稳定构型（参照 4.3.3 节 $[Cu(OH)(H_2O)]^+$、$[Fe(OH)_3(H_2O)_2]$ 的羟基络合物稳定构型），导致 BHA 无法再与其发生吸附；而亚铁离子与两个不饱和氧及一个羟基氧无法形成一个稳定的构型，因此在 BHA 离子的脱氢氧 O1 的参与下构成了一个

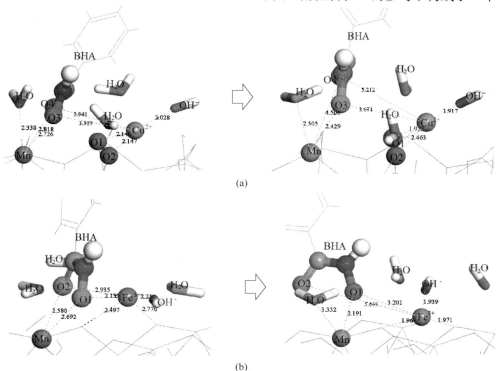

(a)

(b)

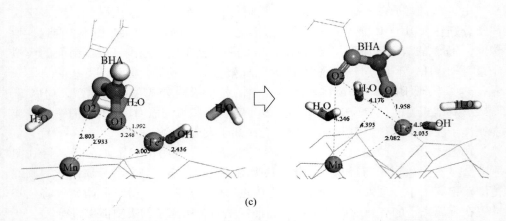

(c)

图 5-10   BHA 与 3 种金属离子、羟基、水分子在（010）-C 锰质点吸附前后模型示意图
(a) BHA、铜离子、羟基、水分子在（010）-C 面共吸附；
(b) BHA、铁离子、羟基、水分子在（010）-C 面共吸附；
(c) BHA、亚铁离子、羟基、水分子在（010）-C 面共吸附

近四面体亚稳态构型，从而 BHA 能够发生吸附，这解释了后续单矿物浮选试验中性或碱性条件下铜离子、铁离子活化效果较差但亚铁离子有一定活化作用的现象。

通过比较铅离子与铜、铁离子在（010）-C 面吸附后对 BHA 吸附的影响，发现铅离子在表面吸附时，不仅自身能吸附在晶面作为吸附质点，还能活化邻近锰铁质点，使 BHA 能优先与吸附质点 Mn 或 Fe 吸附，而铜铁离子在表面吸附时，BHA 优先与铜、铁离子作用，且不能在锰铁质点吸附，其原因主要为铜、铁离子的离子半径较小，自身在晶面吸附时难以作用到周围锰铁质点表面吸附的水分子或羟基，难以使其脱附（见图 5-11）。

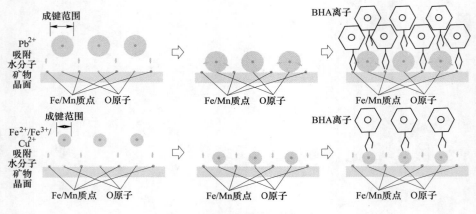

图 5-11   离子活化作用过程示意图

6 BHA 体系下金属离子活化浮选试验

6.1 BHA 对不同锰铁比黑钨矿可浮性的影响

在 pH 值为 3~10 范围内，BHA 对粒级−50μm+10μm 不同锰铁比黑钨矿浮选回收率的影响结果如图 6-1 所示。其中 BHA 用量固定为 100mg/L，松醇油用量为 20mg/L。

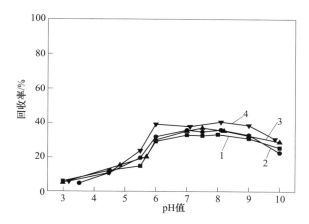

图 6-1 BHA 对粒级−50μm+10μm 不同锰铁比黑钨矿可浮性的影响
（4 种黑钨矿中锰铁元素之比：浒坑为 7.60，锯板坑为 1.07，瑶岗仙为 0.80，瑶岭为 0.68）
1—浒坑；2—锯板坑；3—瑶岗仙；4—瑶岭

从图 6-1 的结果可知，随着 pH 值逐渐上升，黑钨矿的可浮性都逐渐上升，在 pH 值为 7~9 时回收率达到最大，在酸性条件下可浮性较差；单独使用 BHA 时，含锰高的黑钨矿（浒坑）回收率要略微低于高铁黑钨矿，表明单独使用 BHA 对高铁黑钨矿的浮选效果要稍微优于高锰黑钨矿。但是在引入金属离子后，不同锰铁比黑钨矿的可浮性会受到较大的影响。

图 6-2 与图 6-3 分别是 BHA 对高锰黑钨矿（浒坑）及高铁黑钨矿（瑶岭）在不同金属离子活化下可浮性影响的结果。Pb^{2+}、Cu^{2+} 的用量为 0.5×10^{-4} mol/L，Fe^{2+}、Fe^{3+} 的用量为 5×10^{-4} mol/L，BHA 用量固定为 40mg/L，松醇油用量固定为 20mg/L。

从图 6-2 及图 6-3 的结果来看，4 种金属离子对黑钨矿可浮性均有一定的影响，其活化作用从大到小依次为 $Pb^{2+} > Fe^{2+} > Cu^{2+} > Fe^{3+}$。第 5 章中吸附模拟显示

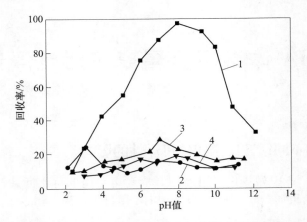

图 6-2 BHA 对金属离子活化后高锰黑钨矿可浮性的影响

1—Pb^{2+}+BHA；2—Fe^{3+}+BHA；3—Fe^{2+}+BHA；4—Cu^{2+}+BHA

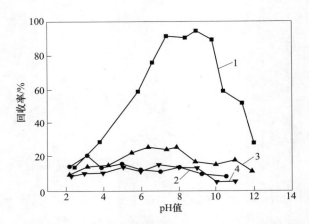

图 6-3 BHA 对金属离子活化后高铁黑钨矿可浮性的影响

1—Pb^{2+}+BHA；2—Fe^{3+}+BHA；3—Fe^{2+}+BHA；4—Cu^{2+}+BHA

活化作用最强的金属离子应为 Pb^{2+}，其次为 Fe^{2+}，而 Fe^{3+} 及 Cu^{2+} 对黑钨矿的活化作用较弱，这一推测在此处得到了验证。

不同 pH 值区间各种金属离子对黑钨矿可浮性影响也不同。其中 Pb^{2+} 在 pH 值为 2~10 的广泛区间都有一定的活化效果，在 pH 值为 7~10 达到最佳值，随后活化作用随着 pH 值增大迅速下降，甚至恶化浮选；Fe^{2+} 的最佳活化区间则是 pH 值为 6~8，当 pH 值大于 8 时，随着 pH 值的增大反而不利于浮选；Fe^{3+} 在 pH 值为 3 附近的强酸性条件下具有一定的活化作用，之后随着 pH 值的不断增加反而恶化浮选；Cu^{2+} 的最佳活化区间是 pH 值为 5~8，其余条件下活化效果较差甚至不利于浮选。结合 4.3.1 节的溶液化学计算分析结果可以发现，这些最佳活化

pH 值区间对应它们各自溶液或界面环境优势组分为金属阳离子或一羟基合物，因此这些金属离子的活化作用常常用"一羟基络合物活化"理论来解释。

对比图 6-2 及图 6-3 的结果可以发现，金属离子对高锰黑钨矿浮选整体的影响作用要大于高铁黑钨矿，这在 Pb^{2+} 及 Fe^{2+} 活化时尤为明显。被 Pb^{2+}、Fe^{2+} 活化后的高锰黑钨矿可浮性超过了高铁黑钨矿，且 Pb^{2+} 活化后高锰黑钨矿的最佳可浮性区间得到了拓宽，在 pH 值为 6~10 范围均可得到较高的回收率。这意味着经 Pb^{2+} 活化后的高锰黑钨矿可能在实际浮选过程中对酸碱环境的适应性更强。

BHA 的用量对不同锰铁比黑钨矿可浮性的影响如图 6-4 所示。浮选试验使用的黑钨矿粒级均为 $-50\mu m+10\mu m$，浮选 pH 值为 7。由图 6-4 中结果来看，黑钨矿的回收率随着 BHA 的用量增加逐渐上升，当 BHA 用量超过 100mg/L 后，黑钨矿回收率的增长速度变慢；在相同 BHA 用量条件下，同时比较 4 种黑钨矿回收率可以发现，不同锰铁比黑钨矿的可浮性规律并不严格按照锰铁比的大小分布，仅在黑钨矿锰铁比相差较大的浒坑黑钨矿与瑶岭黑钨矿之间体现出可浮性差异，且当 BHA 用量过低（0mg/L 及 20mg/L）或过高（120mg/L 及 140mg/L）时，这种可浮性差异将减小。

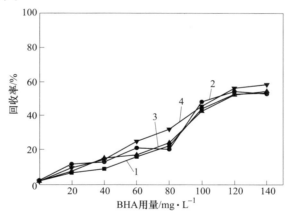

图 6-4　BHA 用量对不同锰铁比黑钨矿可浮性的影响
1—浒坑；2—锯板坑；3—瑶岗仙；4—瑶岭

6.2　影响金属离子活化效果的因素

从前面吸附模拟现象来看，金属离子的活化作用实现的前提条件是金属离子首先在黑钨矿晶体表面吸附，否则游离的金属离子在溶液环境中与 BHA 离子发生吸附后反而影响其在晶体表面的吸附。由此推出两种可能影响金属离子活化效果的情况：（1）溶液中金属离子未在矿物晶面充分吸附就与 BHA 发生反应；（2）溶液中金属离子过量对 BHA 的消耗。这两种情况在加药搅拌时间和药剂用量条件试验中得到体现。

6.2.1　搅拌时间对金属离子活化黑钨矿浮选的影响

考虑到 pH 值、金属离子用量、BHA 用量都会对浮选结果产生较大的影响，为了避免这些因素带来的浮选指标波动对搅拌时间因素的屏蔽作用且保证试验结果具有可对比性，确定浮选 pH 值为 7，Pb^{2+}、Cu^{2+} 用量为 0.5×10^{-4} mol/L，Fe^{2+}、Fe^{3+} 用量为 5×10^{-4} mol/L，BHA 用量为 40mg/L，松醇油用量为 20mg/L，试验流程如图 6-5 所示，对高锰及高铁黑钨矿的浮选结果分别如图 6-6 和图 6-7 所示。

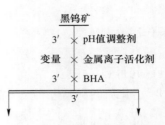

图 6-5　搅拌时间试验流程

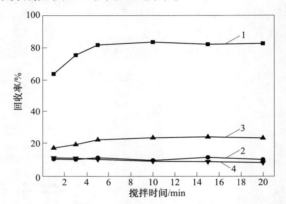

图 6-6　搅拌时间对金属离子活化高锰黑钨矿浮选的影响

1—Pb^{2+}，0.5×10^{-4} mol/L；2—Cu^{2+}，0.5×10^{-4} mol/L；

3—Fe^{2+}，5×10^{-4} mol/L；4—Fe^{3+}，5×10^{-4} mol/L

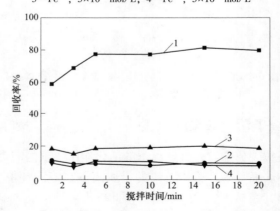

图 6-7　搅拌时间对金属离子活化高铁黑钨矿浮选的影响

1—Pb^{2+}，0.5×10^{-4} mol/L；2—Cu^{2+}，0.5×10^{-4} mol/L；

3—Fe^{2+}，5×10^{-4} mol/L；4—Fe^{3+}，5×10^{-4} mol/L

从图 6-6 和图 6-7 结果来看，搅拌时间对 Pb^{2+} 的活化效果影响最大，当搅拌时间在 5min 以下时，会显著降低黑钨矿的回收率，另外，Pb^{2+} 活化高铁黑钨矿比高锰黑钨矿需要更长的搅拌时间；除此之外，搅拌时间对其他几种金属离子的影响较小。

6.2.2 金属离子用量对活化黑钨矿浮选的影响

BHA 与金属离子吸附模拟结果表明，铅离子与其他 3 种金属离子活化黑钨矿的作用方式上存在差异，本节主要考查在同样的 BHA 用量而金属离子用量不同的条件下高锰和高铁黑钨矿单矿物的浮选行为，试验结果如图 6-8 和图 6-9 所示，其中 BHA 固定用量为 40mg/L，起泡剂松醇油的用量为 20mg/L，浮选环境 pH 值为 7。

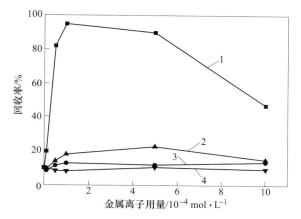

图 6-8 金属离子用量对高锰（浒坑）黑钨矿浮选的影响

1—Pb^{2+}；2—Fe^{2+}；3—Cu^{2+}；4—Fe^{3+}

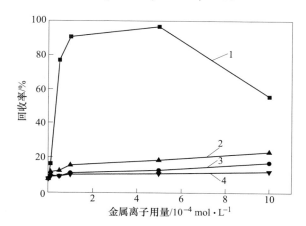

图 6-9 金属离子用量对高铁（瑶岭）黑钨矿浮选的影响

1—Pb^{2+}；2—Fe^{2+}；3—Cu^{2+}；4—Fe^{3+}

从图 6-8 及图 6-9 中可以看到，当用量超过 0.1×10^{-4} mol/L 后，铅离子活化的黑钨矿回收率迅速上升，其活化效果远远强于其他离子，而用量超过 0.5×10^{-4} mol/L 时，黑钨矿回收率又迅速下降；其中高锰黑钨矿回收率达到极大值时的铅离子用量比高铁黑钨矿更低，同时随着铅离子用量进一步增加下降的趋势也更显著。除在 Fe^{2+} 用量为 1×10^{-3} mol/L 浮选高锰黑钨矿时，回收率出现了下降趋势，3 种离子的用量增加总体上对黑钨矿回收率的提高起到了正效应，但提升幅度并不显著。

6.3　金属离子及 BHA 吸附量与黑钨矿可浮性的关系

为了进一步了解 BHA 在黑钨矿表面的吸附情况对可浮性的影响，将不同 BHA 用量作用后的高锰（浒坑）黑钨矿与高铁（瑶岭）黑钨矿分别做 BHA 的吸附量检测。为了与 BHA 用量对黑钨矿可浮性试验对比，初始条件选为 pH 值为 7 的条件，且不添加金属离子。测得的吸附量结果如图 6-10 所示。

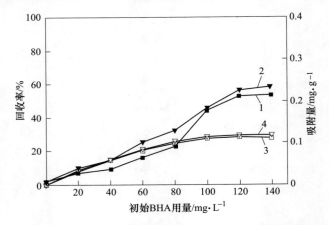

图 6-10　不同初始用量下 BHA 在黑钨矿上的吸附量

1—回收率（浒坑）；2—回收率（瑶岭）；3—吸附量（浒坑）；4—吸附量（瑶岭）

由图 6-10 可知，随着初始 BHA 用量的不断增加，达到吸附平衡时的 BHA 吸附量呈逐渐上升趋势；当 BHA 用量在 100mg/L 以下时，BHA 的吸附量增加迅速，而 100mg/L 之后则吸附量增加缓慢；在相同 BHA 用量下，高铁黑钨矿表面 BHA 的吸附量要略微高于高锰黑钨矿。上述变化趋势恰好对应了两种黑钨矿的可浮性变化规律：随着 BHA 吸附量的逐渐增大，回收率也逐渐上升，高铁黑钨矿的可浮性也略微优于高锰黑钨矿，甚至在 BHA 用量超过 100mg/L 后增量变缓的趋势也保持一致。这表明黑钨矿的可浮性与 BHA 在黑钨矿表面的吸附情况密切相关，两者是正相关性。

为了进一步验证黑钨矿可浮性与 BHA 吸附量的相关性，选择不同初始金属离子用量，固定 BHA 用量 40mg/L，pH 值等于 7 的条件，做出高锰和高铁黑钨矿表面 BHA 的吸附量结果如图 6-11 和图 6-12 所示。

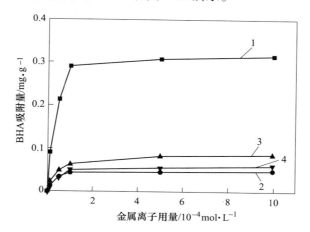

图 6-11　金属离子不同初始用量下 BHA 在高锰（浒坑）黑钨矿上的吸附量
1—Pb^{2+}+BHA；2—Cu^{2+}+BHA；3—Fe^{2+}+BHA；4—Fe^{3+}+BHA

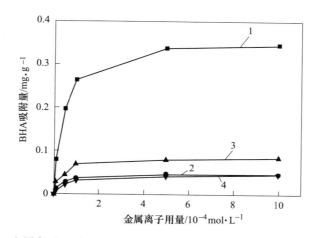

图 6-12　金属离子不同初始用量下 BHA 在高铁（瑶岭）黑钨矿上的吸附量
1—Pb^{2+}+BHA；2—Cu^{2+}+BHA；3—Fe^{2+}+BHA；4—Fe^{3+}+BHA

　　参照 6.2 节中金属离子用量对黑钨矿浮选影响的结果，结合图 6-11 及图 6-12 的结果，可以很清楚地看到，BHA 在黑钨矿上的吸附量与黑钨矿的可浮性呈现出良好的正相关性，当使用 Pb^{2+} 活化黑钨矿浮选时，高的回收率对应高的 BHA 吸附量，而使用其他 3 种金属离子时，吸附量与回收率均显著下降。值得注意的是，在 Pb^{2+} 的用量超过 $0.5×10^{-4}$mol/L 时，BHA 吸附量显示出一个上升趋势与其对应的黑钨矿回收率下降趋势相矛盾。分析原因，极有可能是在检测黑钨

矿表面吸附量时采用的是残余浓度法，即黑钨矿表面 BHA 吸附量是通过初始
BHA 用量减去离心过滤澄清液中测得的 BHA 含量后所得。当离心后的沉淀物质
中并非全部为吸附了 BHA 的黑钨矿颗粒，未吸附在黑钨矿表面的 BHA 与 Pb^{2+} 形
成金属盐沉淀物时，不利于黑钨矿的上浮，则极有可能引起黑钨矿回收率迅速下
降。另一方面，Fe^{3+} 随着用量增加对黑钨矿浮选的活化作用不仅没有提高反而使
回收率下降，这表明在 pH 值为 7 的环境下，Fe^{3+} 在溶液中以 $Fe(OH)_3$ 的存在形
式为主，在黑钨矿表面吸附时不仅没有起到活化作用反而抑制了黑钨矿的浮选。

　　除 BHA 的吸附量之外，金属离子在黑钨矿表面的吸附量同样值得关注。考
虑到 Fe^{2+}、Fe^{3+} 及 Cu^{2+} 在中性或弱碱性条件下生成氢氧化物沉淀，离心过滤后与
黑钨矿一同进入沉淀产品会影响残余浓度法测吸附量的结果，Pb^{2+}、Fe^{2+}、Fe^{3+}、
Cu^{2+} 4 种离子的环境 pH 值分别为 7、6、2、5，单独加入金属离子不加 BHA，搅
拌离心后得在两种黑钨矿表面的不同金属离子的吸附量结果如图 6-13 和图 6-14
所示。

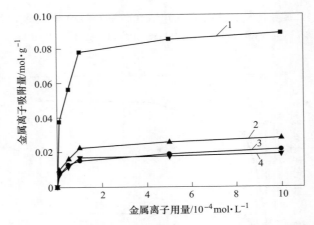

图 6-13　不同用量下金属离子在高锰（瑶岭）黑钨矿上的吸附量
1—Pb^{2+}；2—Fe^{2+}；3—Cu^{2+}；4—Fe^{3+}

　　从图 6-13 和图 6-14 可以看到，金属离子在黑钨矿上的吸附量随着初始用量
的增加而增加，但 Pb^{2+} 的吸附量显著高于其他金属离子，4 种金属离子在黑钨矿
表面吸附量从大到小排列依次为 $Pb^{2+}>Fe^{2+}>Fe^{3+}>Cu^{2+}$，这一规律与计算模拟 4 种
金属离子在表面吸附难易程度刚好对应。对比图 6-2 和图 6-3 结果可知，在金属
离子用量为 $1×10^{-4}$ mol/L 时，各金属离子的吸附量已接近饱和，Pb^{2+}、Fe^{2+}、Fe^{3+}
及 Cu^{2+} 对应的黑钨矿回收率与金属离子吸附量成正相关性，这说明金属离子的活
化作用与吸附强弱有密切的关系，Pb^{2+} 易于吸附预示着更好的活化效果。

　　Pb^{2+} 在较低用量的条件下就体现出明显的活化作用，黑钨矿的回收率对比不
加金属离子时由 8.13% 提高至 16.82%，在用量为 $5×10^{-4}$ mol/L 时黑钨矿的回收

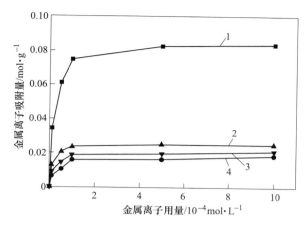

图 6-14　不同用量下金属离子在高铁（瑶岭）黑钨矿上的吸附量

1—Pb^{2+}；2—Fe^{2+}；3—Fe^{3+}；4—Cu^{2+}

率更达到了 95% 以上；随着 Pb^{2+} 用量的增加，黑钨矿的回收率先迅速上升到达极值后再迅速下降。上述现象十分符合模拟试验对 BHA 与铅离子共吸附作用的分析结果，极有可能是由于低用量时铅离子活化方式以促进黑钨矿表面水分子脱附为主，使得 BHA 分子能够在黑钨矿表面的 Fe 或 Mn 质点上发生吸附，而高用量时黑钨矿表面被铅离子覆盖，此时 BHA 不可避免地会与铅离子发生吸附。证明这一结论最直接的办法就在于，铅离子如果以促进水分子脱附的方式活化黑钨矿表面，BHA 发生吸附后将生成羟肟酸铁或者羟肟酸锰，如果以铅离子自身成为活化质点的吸附方式则会与 BHA 反应生成羟肟酸铅。

6.4　BHA 与金属离子、黑钨矿作用的红外光谱分析

　　为了进一步证明 6.3 节中提到的金属离子活化 BHA 浮选黑钨矿的理论，本节通过对作用前后各种产物的红外光谱分析查明 BHA 与金属离子及黑钨矿表面质点吸附方式。

　　苯甲羟肟酸、苯甲羟肟酸锰盐及苯甲羟肟酸铅盐的红外光谱图如图 6-15 所示。

　　在图 6-15（c）中可以看到，在 $3293.5cm^{-1}$ 处有一个窄而强的尖峰，已知 N—H 的对称及非对称伸缩振动产生的谱线常出现在 $3300 \sim 3510cm^{-1}$ 范围内，O—H 基伸缩振动一般在 $3300cm^{-1}$ 附近，但 O—H 极性较强容易产生缔合现象导致吸收带向低频率方向位移，由此可见 $3293.5cm^{-1}$ 处的强峰是由苯甲羟肟酸中—NH—OH 的伸缩振动所引起，是氧肟酸的特征峰。苯甲羟肟酸的另一个特征官能团是苯环，在 $709.8cm^{-1}$ 处是苯环的弯曲振动，$562.8cm^{-1}$ 的中强峰则是 C—H 的弯曲振动。除此之外，$1603.9cm^{-1}$ 处是 C=O 伸缩振动峰，$1566.7cm^{-1}$、

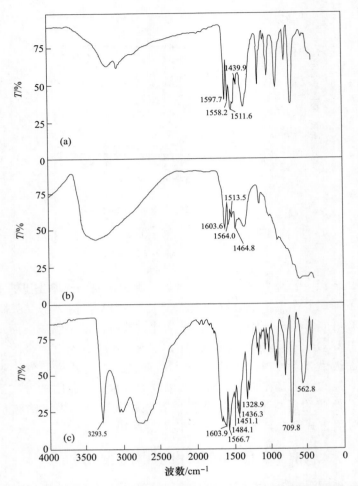

图 6-15　苯甲羟肟酸、苯甲羟肟酸锰盐及苯甲羟肟酸铅盐的红外光谱图
（a）苯甲羟肟酸铅盐；（b）苯甲羟肟酸锰盐；（c）苯甲羟肟酸

$1484.1cm^{-1}$、$1451.1cm^{-1}$三处峰值是由于共轭效应产生的苯环骨架的特征峰，$1436.3cm^{-1}$、$1328.9cm^{-1}$两处的中强峰可能是由于 O—H 的面内弯曲振动引起。

　　图 6-15（a）、（b）分别是苯甲羟肟酸铅盐及苯甲羟肟酸锰盐的红外光谱图。由于苯甲羟肟酸与金属离子作用生成的金属盐破坏了—NH—OH 基，因此苯甲羟肟酸金属盐的红外光谱图与苯甲羟肟酸相比—NH—OH 基在 $3000cm^{-1}$附近的谱线变化较大，而苯环结构并未发生较大变化，苯环的骨架特征/峰只出现较小的偏移，但其差异已足够区分出两种金属盐。从图 6-15 中可以看到，苯甲羟肟酸铅盐和锰盐的 C＝O 伸缩振动峰分别出现在 $1597.7cm^{-1}$ 及 $1603.6cm^{-1}$，苯环骨架的三处特征峰分别是 $1558.2cm^{-1}$、$1511.6cm^{-1}$、$1439.9cm^{-1}$ 与 $1564cm^{-1}$、$1513.5cm^{-1}$、

$1464.8cm^{-1}$，铅盐的吸附峰表现出特征峰值向短波数偏移，而锰盐则向长波数偏移，并且铅盐的特征峰强度要强于锰盐。根据这一特点，当苯甲羟肟酸在黑钨矿表面吸附时，就能根据特征峰值判断出反应生成产物的类型。

为了尽量降低黑钨矿表面 Fe 质点吸附苯甲羟肟酸产生的干扰，红外光谱分析选用 $Fe：Mn = 0.13$ 的高锰黑钨矿（浒坑黑钨矿）。将单矿物在 BHA 用量为 $80mg/L$ 下，Pb^{2+} 用量分别为低用量（$1×10^{-4}mol/L$）、高用量（$1×10^{-3}mol/L$）以及不加铅离子的条件下浮选获得的精矿产品过滤、真空低温干燥后进行红外光谱分析，结果如图 6-16 所示。

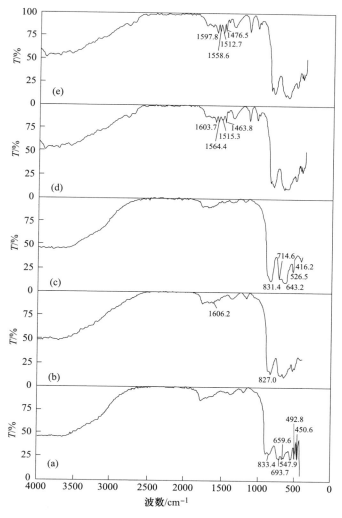

图 6-16 黑钨矿吸附 BHA 及铅离子的红外光谱图

图 6-16（a）是高锰黑钨矿的红外谱线。在 833.4cm^{-1}附近可以看到较宽的强峰为黑钨矿的［WO$_6$］聚合八面体的非对称伸缩振动峰；在 700~400cm^{-1}区间范围内出现了一组强度不等的 5 个峰值，分别为 693.7cm^{-1}、659.6cm^{-1}、547.9cm^{-1}、492.8cm^{-1}、450.6cm^{-1}，一般认为是黑钨矿中类质同象混晶所引起，随着混晶杂质比例不同会有差异。

图 6-16（b）是黑钨矿加 BHA 的红外光谱图，可以看到在 1606.2cm^{-1}出现了一个微弱的吸收峰，这在未吸附 BHA 的黑钨矿红外谱线上并未出现，这有可能是由于 BHA 在黑钨矿表面吸附时 BHA 的 C＝O 伸缩振动峰与黑钨矿的谱线叠加的结果，同时 BHA 的吸附还使［WO$_6$］聚合八面体的非对称伸缩振动峰由 833.4cm^{-1}偏移至 827cm^{-1}。

图 6-16（c）是黑钨矿加入用量为 5×10^{-5}mol/L 的铅离子未经浮选直接干燥后进行红外光谱分析的结果。虽然铅离子的加入并不会像 BHA 一样出现 C＝O 伸缩振动，但却引起了 700~400cm^{-1}区间吸收峰的数量与强度均产生较大变化，由 5.3 节的模拟结果可轻易得知这是铅离子在黑钨矿表面吸附所引起。

图 6-16（d）与（e）均为黑钨矿经铅离子活化再由 BHA 浮选捕收获得的精矿干燥后进行红外光谱分析所得。图 6-16（d）、（e）分别对应铅离子在低用量（1×10^{-4}mol/L）与高用量（1×10^{-3}mol/L）下的红外谱线。可以很清楚地看到，图 6-16（d）、（e）在 1600~1400cm^{-1}区间附近出现了清晰的吸附峰，图6-16（d）为 1603.7cm^{-1}、1564.4cm^{-1}、1515.3cm^{-1}、1463.8cm^{-1}，图 6-16（e）为 1597.8cm^{-1}、1558.6cm^{-1}、1512.7cm^{-1}、1476.5cm^{-1}。对比苯甲羟肟酸金属盐的红外光谱图可知，图 6-16（d）上出现的新吸收峰非常接近苯甲羟肟酸锰盐的特征峰值，而图 6-16（e）的峰值则更接近苯甲羟肟酸铅盐，这表明在 1×10^{-4}mol/L 的铅离子用量时，苯甲羟肟酸在黑钨矿表面吸附产物以苯甲羟肟酸锰盐为主，而在铅离子用量为 1×10^{-3}mol/L 时，BHA 吸附生成产物偏向于形成苯甲羟肟酸铅盐。根据前面这两个铅离子用量条件下的单矿物浮选试验结果可知，在铅离子用量 1×10^{-4}mol/L 时黑钨矿的回收率接近最大值，而铅离子用量在 1×10^{-3}mol/L 时黑钨矿回收率却大幅下降，说明当铅离子发挥最佳的活化效果时，黑钨矿表面的吸附产物以苯甲羟肟酸锰盐为主，这很好地验证了模拟试验对铅离子活化黑钨矿浮选机理的结论。

7 实际矿石选别试验

7.1 矿石性质与浮选矿样的来源

原矿的矿石性质见 2.1 节。结合重选、磁选、浮选多种选别方案的探索试验结果，发现该矿石在选别过程中存在以下几个难点：

（1）原矿为多种矿脉出窿矿石的重选混合尾矿，矿石表面风化且受铁质污染程度严重，可选性与出窿矿石相差甚远。

（2）原矿所含褐铁矿的磁性梯度区间覆盖了目的矿物黑钨矿磁性分布区间，导致磁选难以获得较好的选别效果。

（3）黑钨矿在 $-10\mu m$ 粒级所占比例较高，且部分脉石矿物与目的矿物的密度接近，摇床、溜槽等重选手段也难以获得好的选别效果。

综合考虑以上因素，最终确定先将原矿 $+43\mu m$ 粒级筛除，此时产率减少了约 45%，WO_3 品位提高至 0.26% 左右，大大降低了处理负荷，而 WO_3 的损失率约 6%，在可接受的范围，最后进行浮选脱硫，脱硫尾矿即为钨的浮选给矿。

7.2 钨的浮选条件试验

利用浮选法处理原矿 $-43\mu m$ 粒级矿物，由于该矿样中 $-10\mu m$ 粒级矿石的占有比例高达 40% 以上，WO_3 的占有率约 27%，常规的浮选工艺难以获得满意的选矿指标。本节采用絮凝浮选法，除了使用常规的浮选药剂还使用了高分子絮凝剂，通过目的矿物的选择性絮凝来实现其与脉石矿物的浮选分离。实际浮选中影响浮选效果的因素较多，但单矿物试验结果表明在 BHA 浮选体系下影响金属离子活化浮选的因素包括：浮选 pH 值、药剂搅拌时间及添加顺序、金属离子种类及用量等，故以下主要讨论这些因素对浮选的影响。

从脱硫尾矿中进行一次粗选浮钨试验，根据精矿产品中钨的回收情况来确定浮选的各种条件。

7.2.1 钨粗选 pH 值调整剂用量试验结果

脱硫浮选中使用了 Na_2CO_3 作调整剂，脱硫尾矿的 pH 值约为 6.5~7，且其中碳酸盐矿物的比例较高，对矿浆具有非常强的缓冲作用。在使用质量浓度为 20%

的稀 H_2SO_4 和 HCl 调节 pH 值时，酸的用量达到 4000g/t 时加入矿浆中会产生大量气泡，充分反应之后测得 pH 值依然为 6.5~7。除此之外，由前面的单矿物试验结果也可以看出，中性或碱性条件 BHA 与金属离子能够更好地发挥功效，故钨的浮选只能在碱性或中性条件下进行。

在弱碱性范围调节 pH 值可使用 Na_2CO_3，而 pH 值在 7.5 以上时需使用 NaOH 作调整剂，调整剂用量对浮选的影响见表 7-1。试验中抑制剂选用水玻璃，用量为 400g/t，活化剂硝酸铅用量为 800g/t，捕收剂选用苯甲羟肟酸，用量为 400g/t，松醇油作起泡剂，用量为 50g/t。

表 7-1　pH 值调整剂用量试验结果

矿浆 pH 值	pH 值调整剂用量/g·t^{-1}	产品名称	产率/%	WO_3品位/%	WO_3回收率/%
6.5	空白	钨粗精矿	28.54	0.37	40.18
		钨尾矿	71.46	0.22	59.82
		给矿	100.00	0.263	100.00
7	Na_2CO_3，200	钨粗精矿	26.70	0.42	43.34
		钨尾矿	73.30	0.20	56.66
		给矿	100.00	0.259	100.00
7.5	Na_2CO_3，700	钨粗精矿	22.45	0.48	41.23
		钨尾矿	77.55	0.20	58.77
		给矿	100.00	0.261	100.00
8	NaOH，500	钨粗精矿	15.27	0.62	35.85
		钨尾矿	84.73	0.20	64.15
		给矿	100.00	0.264	100.00

从表 7-1 中的结果可以看出，Na_2CO_3用量在 200g/t 时钨粗精矿的钨回收率最高，进一步提高 pH 值虽然可以得到品位较高的钨粗精矿，但相对钨的回收率也下降，因此使用 Na_2CO_3用量为 200g/t 更为合适，此时矿浆的 pH 值为 7。

值得一提的是，pH 值调整剂用量试验显示的最适宜浮选 pH 值为 7，而黑钨矿单矿物可浮性试验显示最佳浮选 pH 值为 8。这可能是由于碱性条件下水玻璃抑制作用随着 pH 值升高不断增加，而脉石矿物（如方解石、萤石）的可浮性在碱性条件下可浮性反而升高[55]，影响了黑钨矿的浮选。事实上，较多黑钨矿的实际矿石浮选实例均显示，羟肟酸体系下最适宜黑钨矿的浮选 pH 值在 7 左右[55,60,274,275]。

7.2.2　活化剂种类及用量试验

试验主要考查 4 种强电解质金属盐硝酸铅、硫酸铜、氯化铁及氯化亚铁对以

GYB 为捕收剂的浮选体系的浮选活化效果，试验流程如图 7-1 所示，4 种药剂的用量对浮选影响的结果如图 7-2 所示。

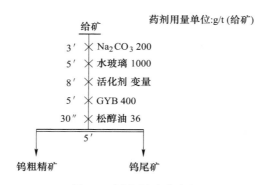

图 7-1 活化剂试验流程

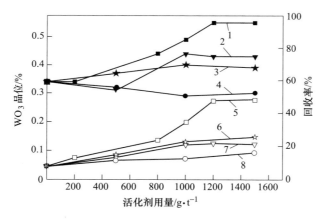

图 7-2 活化剂用量试验结果

1—WO₃ 品位（硝酸铅）；2—WO₃ 品位（硫酸铜）；3—WO₃ 品位（氯化亚铁）；
4—WO₃ 品位（氯化铁）；5—WO₃ 回收率（硝酸铅）；6—WO₃ 回收率（氯化亚铁）；
7—WO₃ 回收率（硫酸铜）；8—WO₃ 回收率（氯化铁）

从图 7-2 的结果可以看出，氯化铁的活化作用最差，在用量较大时甚至不利于钨的回收，硫酸铜和氯化亚铁的活化效果较弱，随着用量的上升，钨的回收率和品位上升幅度不大；而硝酸铅的活化作用随着用量的增加显著上升，钨粗精矿钨的回收率及品位均有一定程度的提高，可见金属离子对实际矿石的活化作用情况基本与单矿物浮选结果一致。当硝酸铅用量在 1200g/t 之后钨的回收率趋于平稳，根据前面的研究结果，如果再进一步增加硝酸铅用量导致过量反而会恶化浮选效果，因此最适合的硝酸铅用量为 1200g/t。

7.2.3 活化剂搅拌时间试验

单矿物试验结果显示铅离子在黑钨矿表面吸附活化需要一定的反应时间，故本节从实际矿石浮选情况加以论证。加入硝酸铅搅拌时间对浮选影响的流程如图7-3 所示，试验结果如图7-4 所示。

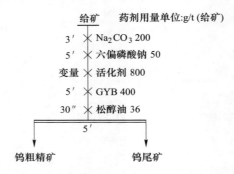

图 7-3   活化剂搅拌时间浮选试验流程

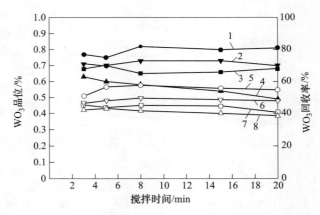

图 7-4   活化剂搅拌时间浮选试验结果

1—WO$_3$ 品位（Pb(NO$_3$)$_3$）；2—WO$_3$ 品位（FeCl$_2$）；3—WO$_3$ 品位（CuSO$_4$）；

4—WO$_3$ 品位（FeCl$_3$）；5—WO$_3$ 回收率（Pb(NO$_3$)$_3$）；6—WO$_3$ 回收率（FeCl$_2$）；

7—WO$_3$ 回收率（CuSO$_4$）；8—WO$_3$ 回收率（FeCl$_3$）

从图7-4 的结果来看，搅拌时间对硝酸铅活化效果的影响显著，搅拌时间太长或太短对钨粗精矿中钨的品位和回收率都有不利影响，这取决于铅离子与矿物、药剂离子之间的吸附作用强弱。最适宜的搅拌时间为 8min。而搅拌时间的延长对其他 3 种金属离子活化效果均无增益。特别值得注意的是，搅拌时间越长加入的 FeCl$_3$ 反而不利于钨的回收，在搅拌时间超过 10min 后，可以看到钨粗精矿的钨品位和回收率均下降。

对比单矿物试验结果，实际矿石浮选结果变化趋势与单矿物一致，但加入活化剂后需要更长的搅拌时间，这主要是因为实际矿石的矿石性质远比单矿物复杂，脉石矿物对铅离子的吸附、矿物表面的铁质侵染等都可能影响铅离子的活化效果。

7.2.4 捕收剂的种类及用量试验

本节分别比较了 GYB、油酸钠、731（氧化石蜡皂）3 种捕收剂对钨的回收效果，试验流程和结果分别如图 7-5 和图 7-6 所示。

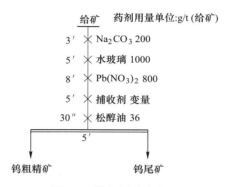

图 7-5 捕收剂试验流程

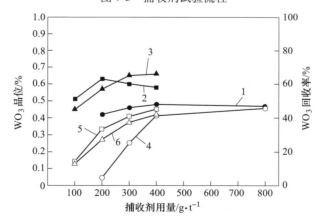

图 7-6 捕收剂用量试验结果

1—WO$_3$ 品位（731）；2—WO$_3$ 品位（油酸钠）；3—WO$_3$ 品位（GYB）；
4—WO$_3$ 回收率（731）；5—WO$_3$ 回收率（油酸钠）；6—WO$_3$ 回收率（GYB）

从用量试验结果来看，3 种捕收剂对钨均有一定的捕收效果，随着用量的上升，钨粗精矿中钨回收率逐渐上升，钨品位也逐渐上升，但使用油酸钠作捕收剂用量超过 200g/t 后，钨品位开始逐渐下降。因此，从这里的试验结果来看，最适合的 3 种捕收剂单一用量分别为：油酸用量 200g/t，731 用量 400g/t，GYB 用量 400g/t。

本试验中水玻璃的用量为 1000g/t，对 GYB 作捕收剂的浮选体系中钨的回收具有非常强的抑制作用，但在使用另外两种捕收剂体系下的抑制作用却不明显，这说明在本矿石浮选体系中，GYB 同油酸钠及 731 相比捕收能力较弱；水玻璃不适合与 GYB 配合使用，更适合与油酸钠和 731 配合使用。虽然捕收剂用量试验显示增大用量有利于钨的粗选回收，但事实上过量的捕收剂将会严重影响后续钨精选作业钨的进一步富集回收，这在油酸钠及 731 作捕收剂时表现得尤其明显。综合考虑选择 GYB 作为捕收剂更为合理。

7.3 开路试验

根据粗选及精选的条件试验结果，确定浮选全流程的药剂制度及浮选参数后，进行浮选全流程开路试验，试验流程及结果分别如图 7-7 和表 7-2 所示。

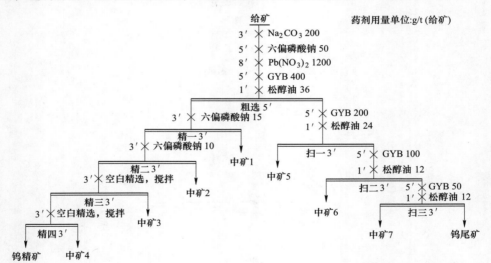

图 7-7 浮选开路试验流程

表 7-2 浮选开路试验结果

产品名称	产率/%	WO$_3$品位/%	WO$_3$回收率/%
钨精矿	1.66	7.03	44.30
中矿 1	13.74	0.12	6.24
中矿 2	3.34	0.50	6.32
中矿 3	1.48	0.93	5.21

续表 7-2

产品名称	产率/%	WO$_3$品位/%	WO$_3$回收率/%
中矿 4	0.91	1.574	5.43
中矿 5	10.36	0.53	20.78
中矿 6	6.22	0.30	7.07
中矿 7	3.21	0.143	1.74
钨尾矿	59.08	0.013	2.91
给矿	100.00	0.264	100.00

由表 7-2 结果可知, 浮选开路试验最终得到钨精矿 WO$_3$ 品位为 7.03%, 回收率为 44.30%。

7.4 闭路试验

根据条件试验和开路试验的结果, 对闭路试验流程进行了优化, 硫浮选增加一次精选, 钨浮选增加一次精选和一次扫选, 部分药剂用量也进行了调整, 闭路试验流程如图 7-8 所示, 试验结果见表 7-3。

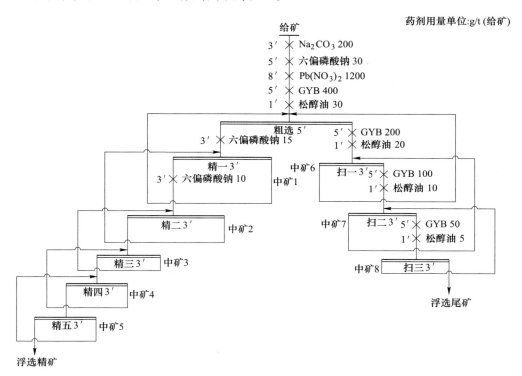

图 7-8 浮选闭路试验流程

表 7-3 浮选闭路试验结果

产品名称	产率/%	品位/%	回收率/%
浮选精矿	2.85	6.23	68.56
浮选尾矿	97.15	0.087	31.44
给矿	100.00	0.259	100.00

闭路试验最终获得的钨精矿钨品位为 6.23%，回收率为 68.56%，对原矿的回收率为 61.62%。

参 考 文 献

[1] 罗贤昌. 黑钨矿的 H/F 值变化规律及其标型特征——以江西画眉坳钨矿主矿带为例[J]. 地质与勘探, 1983(8)：16-20.

[2] 王淀佐, 胡岳华, 李云龙. 类质同象系列黑钨矿油酸钠浮选作用机理研究[J]. 有色金属, 1990(3)：18-22, 68.

[3] 徐国风. 黑钨矿中锰铁比值的成因意义研究[J]. 地质科学, 1981(4)：390-394.

[4] 王曙. 地质学 系统矿物学 [M]. 北京：中国书籍出版社, 1988.

[5] 鲁麟, 梁婷, 陈郑辉, 等. 利用 X 射线粉晶衍射和电感耦合等离子体质谱法研究江西西华山钨矿床中黑钨矿的矿物学特征及指示意义[J]. 岩矿测试, 2015(1)：150-160.

[6] 孙南圭, 隋增震, 廖永璋, 等. 南岭黑钨矿化学组分的统计分析与地质意义及矿化类型的统计预测[J]. 中国地质科学院南京地质矿产研究所所刊, 1984(3)：3-21.

[7] 陈图华. 试论复杂链状氧化物——黑钨矿的晶体化学特征[J]. 矿物学报, 1988(1)：50-57.

[8] 王步国, 施尔畏, 仲维卓, 等. 钨酸盐晶体中负离子配位多面体的结晶方位与晶体的形貌[J]. 无机材料学报, 1998(5)：648-654.

[9] 陈蓉美. 湘南某钨矿床中黑钨矿 X 射线衍射及红外光谱研究[J]. 中南矿冶学院学报, 1988(2)：111-119.

[10] 李胜, 等. 结晶学与矿物学[M]. 北京：地质出版社, 2008.

[11] 李云龙, 彭明生, 王淀佐, 等. 黑钨矿晶体构造特征与可浮性关系[J]. 有色金属, 1990(4)：38-43.

[12] 陈万雄, 胡为柏. 黑钨矿的润湿特性[J]. 中南矿冶学院学报, 1980(4)：38-44.

[13] 杨久流. FD 在微细粒黑钨矿表面的吸附机理[J]. 有色金属, 2003(4)：110-112.

[14] 孙晓程. 关于钨矿选矿工艺现状及展望分析[J]. 科技展望, 2015(5)：138.

[15] 刘辉. 江西钨矿细泥选矿技术发展与应用[J]. 中国钨业, 2002(5)：30-33.

[16] 安占涛, 罗小娟. 钨选矿工艺及其进展[J]. 矿业工程, 2005(5)：29-32.

[17] 黄万抚, 张小冬. 钨矿细泥选矿工艺发展[J]. 有色金属科学与工程, 2013(5)：54-57.

[18] 谢光彩, 廖德华, 陈向, 等. 黑钨矿选矿技术研究进展[J]. 中国资源综合利用, 2014(5)：39-41.

[19] 罗仙平, 路永森, 张建超, 等. 黑钨矿选矿工艺进展[J]. 金属矿山, 2011, 40(12)：87-90.

[20] 叶良忠. 荡坪钨矿钨选矿工艺技术进展[J]. 中国钨业, 2000(2)：25-27.

[21] 林芳万. 大吉山钨矿的跳汰机研究与实践[C]. 中国钨业协会：《中国钨业》编辑部赣州分部, 1993：140-143.

[22] 熊新兴. 某贫细杂钨钽铌铍矿石的选矿试验研究[J]. 中国钨业, 1998(6)：31-35.

[23] 林海清. 近 20 年来我国钨选矿技术的进展[C]. 中国钨业协会：《中国钨业》编辑部赣州分部, 2001：76-82.

［24］ 林海清. 中国钨矿选矿的百年变迁［J］. 中国钨业，2007（6）：11-15.

［25］ 常祝春，叶志平，林日孝，等. 黑钨细泥选矿新工艺工业应用的研究［J］. 广东有色金
　　　 属学报，1995（2）：81-85.

［26］ 鲁军. 黑钨细泥选矿工艺研究现状及展望［J］. 矿产综合利用，2011（3）：3-7.

［27］ 陈启仁，徐家骧. 离心选矿机用于钨矿泥的选别［J］. 有色金属，1980（4）：33-35.

［28］ 付广钦，何晓娟，周晓彤. 黑钨细泥浮选研究现状［J］. 中国钨业，2010（1）：22-25.

［29］ 林海清. 黑钨矿细粒选矿技术的研究和应用［J］. 矿冶工程，1989（2）：57-60.

［30］ 贺政权，刘树贻. 盘古山钨细泥的脉动高梯度磁选试验［J］. 有色金属科学与工程，1990
　　　 （4）：32-34.

［31］ 罗伟英. 大吉山钨矿选矿工艺改进的生产实践［J］. 江西有色金属，2009（3）：23-25.

［32］ 张念. 西南某钨矿选矿厂细泥黑钨回收工艺研究［J］. 有色金属科学与工程，2011（5）：
　　　 77-79.

［33］ 艾光华，李晓波. 微细粒黑钨矿选矿研究现状及展望［J］. 矿山机械，2011（10）：89-96.

［34］ 程炎辉. 浒坑钨矿改造黑钨细泥流程成效显著［J］. 中国钨业，1992（5）：28-29.

［35］ 林培基. 铁山垅钨矿钨细泥回收工艺改进及生产实践［J］. 中国钨业，2002（6）：27-29.

［36］ 方夕辉，钟常明. 组合捕收剂提高钨细泥浮选回收率的试验研究［J］. 中国钨业，2007
　　　 （4）：26-28.

［37］ 夏青，林东，岳涛. 黑钨矿可浮 pH 及其在钨细泥异步浮选中的应用［J］. 稀有金属，
　　　 2015（3）：262-267.

［38］ 骆任，魏党生，叶从新. 采用磁-重流程回收某原生钨细泥中的钨试验研究［J］. 湖南有
　　　 色金属，2011（3）：5-6，78.

［39］ 韦世强，苏亚汝，谭运金，等. 从某钨矿选厂钨细泥中回收钨、锡的试验研究［J］. 中
　　　 国钨业，2011（3）：23-26.

［40］ Clemente D，Newling P，Sousa A-Botelho-de，et al. Reprocessing slimes tailings from a tungsten
　　　 mine［J］. Minerals Engineering，1993，6（8）：831-839.

［41］ 周晓彤，邓丽红. 钨细泥重-浮-重选矿新工艺的研究［J］. 材料研究与应用，2008（3）：
　　　 231-233.

［42］ 邓丽红，周晓彤，罗传胜，等. 江西某钨矿钨细泥选矿新工艺应用研究［J］. 矿产综合
　　　 利用，2010（1）：8-11.

［43］ 李平. 某选厂钨细泥回收工艺的研究［J］. 有色金属科学与工程，2001，15（1）：24-26.

［44］ 林鸿珍. 大龙山选厂钨细泥回收工艺的研究［J］. 中国钨业，2000（1）：19-22.

［45］ 宋振国，孙传尧，王中明，等. 中国钨矿选矿工艺现状及展望［J］. 矿冶，2011（1）：1-
　　　 7，19.

［46］ 胡文英，余新阳. 微细粒黑钨矿浮选研究现状［J］. 有色金属科学与工程，2013（5）：
　　　 102-107.

［47］ Srinivas K，Sreenivas T，Padmanabhan N P H，et al. Studies on the application of alkyl phos-
　　　 phoric acid ester in the flotation of wolframite［J］. Mineral Processing and Extractive Metallurgy

Review, 2004, 25(4).

[48] Bogdanov o s, Yeropkin Y I, Koltunova T E, et al. Hydroxamic acids as collectors in the flotation of wolframite, cassiterite and pyrochlore[J]. Proceedings X International Mineral Processing Congress, 1973.

[49] 昆明冶金研究所选矿室药剂组. A-22 的合成及其对黑钨矿细泥浮选的应用研究[J]. 有色金属（选冶部分）, 1976(12)：24-29.

[50] 朱建光. 甲苄肟酸对浒坑黑钨矿细泥的捕收性能[J]. 湖南冶金, 1983(1)：4-7.

[51] 朱一民, 周菁. 萘羟肟酸浮选黑钨矿作用机理研究[J]. 有色金属, 1999(4)：31-34.

[52] 高玉德, 邱显扬, 夏启斌, 等. 苯甲羟肟酸与黑钨矿作用机理的研究[J]. 材料研究与应用, 2001, 11(2)：92-95.

[53] 蒋玉仁, 薛玉兰. 甲基苯甲偕胺肟合成及其捕收性能研究[J]. 应用基础与工程科学学报, 2000(3)：230-235.

[54] 黄建平, 钟宏, 邱显扬, 等. 环己甲基羟肟酸对黑钨矿的浮选行为与吸附机理[J]. 中国有色金属学报, 2013(7)：2033-2039.

[55] 罗礼英. 黑钨矿螯合类捕收剂的浮选性能评价[D]. 赣州：江西理工大学, 2013.

[56] 胡岳华, 王淀佐. 黑钨矿的组成与其可浮性[J]. 有色金属, 1985(3)：26-32.

[57] 邓丽红, 周晓彤. 从原次生细泥中回收黑白钨矿的选矿工艺研究[J]. 金属矿山, 2008 (11)：148-151.

[58] 周晓彤, 邓丽红, 关通, 等. 从某低品位多金属矿中回收黑白钨矿的选矿试验研究[J]. 中国矿业, 2011(7)：86-89.

[59] 杨应林. 黑白钨共生矿混合浮选药剂及其作用机理研究[D]. 长沙：中南大学, 2012.

[60] 付广钦. 细粒级黑钨矿的浮选工艺及浮选药剂的研究[D]. 长沙：中南大学, 2010.

[61] 韩兆元, 管则皋, 卢毅屏, 等. 组合捕收剂回收某钨矿的试验研究[J]. 矿冶工程, 2009 (1)：50-54.

[62] 刘进, 陶良生, 林日孝, 等. 从脱硫尾矿中回收黑白钨矿的试验研究[J]. 铜业工程, 2011(3)：7-9.

[63] 钟传刚. 黑钨矿浮选体系中金属离子的作用机理研究[D]. 长沙：中南大学, 2013.

[64] 陈万雄, 叶志平. 硝酸铅活化黑钨矿浮选的研究[J]. 广东有色金属学报, 1999(1)：15-19.

[65] 钟传刚, 高玉德, 邱显扬, 等. 金属离子对苯甲羟肟酸浮选黑钨矿的影响[J]. 中国钨业, 2013(2)：22-26.

[66] 尚兴科, 蓝卓越, 周晓彤, 等. 表面结构与溶液离子对黑钨矿浮选影响的研究现状[J]. 中国钨业, 2015(2)：31-35.

[67] 朱玉霜, 朱一民. 金属阳离子活化黑钨矿泥的作用机理[J]. 中南矿冶学院学报, 1992 (5)：604-608.

[68] 金华爱, 李柏淡. 黑钨矿浮选金属阳离子活化机理研究[J]. 有色金属, 1980(3)：46-55.

[69] Fuestenaum M C Cummins W F. The role of basic aqueous complexes in anionic flotation of quartz［J］. Transaction of American Institute of Mining, metallurgical, and Petroleum Engineers, 1967, 238：196-200.

[70] Miller J D, Pray R E. Metal Ion Activation in Xanthate Flotation of Quartz［J］. 1965.

[71] 郭秉文. Ca^{2+}、Fe^{2+}、Cu^{2+}对黑钨矿和磷灰石浮选分离影响的研究［J］. 矿产综合利用, 1981(Z1)：19-24.

[72] 李毓康, 李呤值. 黑钨矿浮选的溶液化学研究［J］. 稀有金属, 1987(5)：323-330.

[73] 韦大为, 魏克武, 丘继存. 疏水性团聚过程中 Ca^{2+}、Fe^{3+} 离子对黑钨矿的活化作用［J］. 金属矿山, 1986(11)：32, 51-54.

[74] 王朋杰, 刘龙飞. 载体浮选工艺的应用与机理研究进展［J］. 现代矿业, 2011(1)：78-80.

[75] 刘青, 王恩文, 李宪荣. 微细粒矿物载体浮选的研究进展［J］. 轻工科技, 2015(8)：106-107.

[76] 尹文新. 分枝载体浮选原理及应用［J］. 有色矿冶, 1991(5)：56-57.

[77] 朱阳戈, 张国范, 冯其明, 等. 微细粒钛铁矿的自载体浮选［J］. 中国有色金属学报, 2009(3)：554-560.

[78] D W Fuerstenau, 李晓沙. 用剪切絮凝和载体浮选法提高细粒赤铁矿浮选回收率［J］. 国外金属矿选矿, 1993(3)：1-6, 8.

[79] 赵华伦, 余成, 李兵容, 等. 浸出—沉淀—载体浮选法处理冲江氧化铜矿试验研究［C］. 四川省地质学会, 2012：225-228.

[80] 严伟平. 微细粒锡石的载体浮选工艺研究［D］. 赣州：江西理工大学, 2012.

[81] 陈秀珍. 疏水性聚合物对细粒级白钨矿载体浮选的工艺和机理研究［D］. 长沙：中南大学, 2014.

[82] 邱冠周, 胡为柏, 金华爱. 微细粒黑钨矿的载体浮选［J］. 中南矿冶学院学报, 1982(3)：24-31.

[83] 朱阳戈. 微细粒钛铁矿浮选理论与技术研究［D］. 长沙：中南大学, 2012.

[84] 郭建斌. 东鞍山赤铁矿载体浮选试验研究［J］. 矿冶工程, 2003(3)：29-31.

[85] 赵华伦, 余成, 李兵容, 等. 难选氧化铜矿浸出-沉淀-载体浮选法试验研究［J］. 现代矿业, 2010(1)：52-54.

[86] 于润存. 新型辉钼矿浮选捕收剂的应用研究［D］. 长沙：中南大学, 2009.

[87] 于润存, 王晖, 符剑刚. 油团聚分选研究进展［J］. 国外金属矿选矿, 2008(8)：2-4.

[88] 瑟 S, 李欣, 崔洪山. 用煤-油团聚助浮选法回收金［J］. 国外金属矿选矿, 2005(12)：28-32.

[89] 于传兵, 张立诚. 团聚浮选在废纸脱墨中的应用［J］. 有色金属（选矿部分）, 2006(5)：25-27.

[90] 王晖, 于润存, 符剑刚, 等. 油团聚浮选回收尾矿中微细粒辉钼矿的研究［J］. 矿冶工程, 2009(1)：30-33.

[91] 陈万雄，陈苊，朱德庆. 细粒钛铁矿——长石油团聚的研究[J]. 金属矿山，1989(7)：28，32-36.

[92] 韦大为，蒋君华，丘继存. 细粒黑钨矿、锡石油团聚的影响因素[J]. 有色金属(选矿部分)，1988(1)：19，25-28.

[93] Kelsall G H, Pitt J L. Spherical agglomeration of fine wolframite ((Fe, Mn)WO₄) mineral particles[J]. Chemical Engineering Science, 1987, 42(4)：679-688.

[94] Dawei W, Kewu W, Jicun Q. Hydrophobic agglomeration and spherical agglomeration of wolframite fines[J]. International Journal of Mineral Processing, 1986, 17(3)：261-271.

[95] 韦大为，丘继存. 系统动力学因素对黑钨矿油团聚的影响[J]. 有色金属，1989(2)：18-22.

[96] 韦大为，丘继存. 中性油在油团聚中的作用机理[J]. 有色金属，1988(4)：38-43.

[97] 余木龙，胡永平. 微粒菱锰矿脱磷的控制分散-剪切絮凝浮选研究[J]. 有色金属，1988(2)：43-53.

[98] Warren L J. Shear-flocculation of ultrafine scheelite in sodium oleate solutions[J]. Journal of Colloid & Interface Science, 1975, 50(2)：307-318.

[99] 帕斯，田召会. 用油酸钠对赤铁矿进行剪切絮凝和浮选的研究(一)[J]. 矿业工程，1999(2)：41-44.

[100] 范桂侠，曹亦俊. 微细粒钛铁矿和钛辉石的剪切絮凝浮选行为[J]. 中国矿业大学学报，2015(3)：532-539，572.

[101] 陈礼永，袁继祖，龚文琪. 高岭土剪切絮凝除铁机理的研究[J]. 武汉工业大学学报，1995(2)：36-39.

[102] 曹明礼，陈礼永，龚文琪，等. 用剪切絮凝法脱除高岭石中的赤铁矿[J]. 中国有色金属学报，2000(6)：934-936.

[103] 刘凤春. 剪切絮凝浮选细粒石墨的研究[J]. 中国矿业，2012，21(6)：81-82.

[104] 邵亚瑞，石大新. 微细粒黑钨矿剪切絮凝浮选研究[J]. 有色金属工程，1986(2)：43-48.

[105] 田忠诚. 用选择性絮凝法回收-19微米矿泥中锡石的可能性[J]. 湖南冶金，1980(3)：24-29.

[106] 史继斌，陈文宾，吴艳. 絮凝剂的研究进展[J]. 化工矿物与加工，2004，33(10)：1-5.

[107] 沙杰，谢广元，李晓英，等. 细粒煤选择性絮凝分选试验研究[J]. 煤炭科学技术，2012，40(3)：118-121.

[108] Netten K V, Moreno-atanasio R, Galvin K P. Selective agglomeration of fine coal using a water-in-oil emulsion[J]. Chemical Engineering Research & Design, 2016, 110：54-61.

[109] 邹文杰，曹亦俊，李维娜，等. 煤及高岭石的选择性絮凝[J]. 煤炭学报，2013，38(8)：1448-1453.

[110] 郑元榕. 选择性絮凝在高岭土选矿中的应用[J]. 非金属矿，1988(6)：11-13，56.

[111] 孙大翔，王毓华，周瑜林. 钙离子对铝土矿选择性絮凝的影响及消除的试验研究[J].

矿冶工程，2010(5)：34-39.

[112] 杨明安，刘钦甫，刘素青，等．选择性絮凝去除高岭土中的着色物质[J]．中国非金属矿工业导刊，2007(2)：32-34.

[113] 朱昭华．HPAM 在赤铁矿和石英上的吸附与选择性絮凝机理的研究[J]．有色金属(选矿部分)，1983(6)：17-24.

[114] 李淮湘．微细粒赤铁矿絮凝药剂选择性研究[D]．唐山：河北理工大学，2010.

[115] 刘世伟，刘慧纳，张洪恩．用水解聚丙烯酰胺与表面活性剂提高赤铁矿絮凝选择性的研究[J]．金属矿山，1985(7)：29-33，55.

[116] 周瑜林．金属离子对铝硅矿物选择性分散影响的理论研究与实践[D]．长沙：中南大学，2012.

[117] 刘文莉．铝土矿选择性絮凝脱硅技术的研究[D]．长沙：中南大学，2009.

[118] 李荣改，宋翔宇，徐靖，等．山西某地铝土矿选择性絮凝试验研究[J]．有色金属(选矿部分)，2013(4)：27-29，51.

[119] 刘承宪，岳子明．疏水选择性絮凝分离微细粒菱锰矿的机理探讨[J]．中国锰业，1995(5)：14-17.

[120] Clauss C R A，王文潜．用改进的聚丙烯酰胺絮凝剂从锡石-石英混合物料选择性絮凝锡石[J]．国外金属矿选矿，1977(1)：11-15.

[121] 杨敖，纳忠惠．细粒锡石选择性絮凝前分散的研究[J]．国外金属矿选矿，1982(11)：35-45.

[122] 金华爱，李柏淡．微细粒黑钨矿选择性絮凝初步研究[J]．矿冶工程，1983(4)：21-26.

[123] 卢毅屏，钟宏，黄兴华．以聚丙烯酸为絮凝剂的细粒黑钨矿絮团浮选[J]．矿冶工程，1994(1)：30-33.

[124] 杨久流，罗家珂，王淀佐．微细粒黑钨矿选择性絮凝剂的研究[J]．有色金属(选矿部分)，1995(6)：30-33.

[125] 杨久流，罗家珂，李颖，等．Ca^{2+}、Mg^{2+}对黑钨矿选择性絮凝的影响及其机理研究[J]．矿冶，1998(1)：29-32.

[126] Yoon R H. Microbubble Flotation[J]. Minerals Engineering，1993，6(6)：619-630.

[127] Yoon R H，韩跃新．细粒浮选的进展——微泡浮选[J]．国外金属矿选矿，1993(6)：1-4.

[128] Mankosa M J, Adel G T, Luttrell G H, et al. Scale-up and design aspects of column flotation[J]. Production & Processing of Fine Particles，1988：185-194.

[129] Azevedo A, Etchepare R, Calgaroto S, et al. Aqueous dispersions of nanobubbles：Generation，properties and features[J]. Minerals Engineering，2016.

[130] Schubert Heinrich. Nanobubbles, hydrophobic effect, heterocoagulation and hydrodynamics in flotation[J]. International Journal of Mineral Processing，2005，78(1)：11-21.

[131] 刘华森，阳春华，王雅琳，等．微泡浮选中气泡尺寸影响分析与参数优化[J]．矿业工程研究，2009(4)：58-61.

[132] Bueno-tokunaga A，Pérez-garibay R，Martínez-carrillo D. Zeta potential of air bubbles conditioned with typical froth flotation reagents[J]. International Journal of Mineral Processing，2015，140：50-57.

[133] 徐国印，刘殿文，许炳梁，等. 浮选过程微泡生成机理研究进展[J]. 轻金属，2012（3）：7-10.

[134] 孙永峰，刘炯天，曹亦俊，等. 某金矿旋流-静态微泡浮选柱与浮选机浮选试验对比研究[J]. 矿山机械，2012，40（4）：91-93.

[135] 孔令同，曹亦俊，徐宏祥，等. 某铜矿旋流-静态微泡浮选柱试验研究[J]. 金属矿山，2011（1）：72-74，161.

[136] 刘建平，马子龙，孙士强，等. 旋流-静态微泡浮选柱在钼精选尾矿再选中的应用[J]. 中国钼业，2015（3）：29-33.

[137] 黄光耀，冯其明，欧乐明，等. 利用微泡浮选柱从浮选尾矿中回收微细粒级白钨矿[J]. 中南大学学报（自然科学版），2009，40（2）：263-267.

[138] Cho Sung-Ho，Kim Jong-Yun，Chun Jae-Ho，et al. Ultrasonic formation of nanobubbles and their zeta-potentials in aqueous electrolyte and surfactant solutions[J]. Colloids and Surfaces A：Physicochemical and Engineering Aspects，2005，269（1）：28-34.

[139] Daisuke Kobayashi，Yoshiyuki Hayashida，Kazuki Sano，et al. Agglomeration and rapid ascent of microbubbles by ultrasonic irradiation[J]. Ultrasonics sonochemistry，2010，18（5）：6-1193.

[140] 艾光华，刘炯天. 钨矿选矿药剂和工艺的研究现状及展望[J]. 矿山机械，2011（4）：1-7.

[141] 沙惠雨，刘长森，方霖，等. 常见金属阳离子对黑云母浮选行为影响研究[J]. 金属矿山，2017（1）：94-98.

[142] 宋振国. 几种金属阳离子对方解石与菱镁矿浮选的影响[J]. 矿产保护与利用，2014（6）：15-18.

[143] 魏明安，孙传尧. 矿浆中的难免离子对黄铜矿和方铅矿浮选的影响[J]. 有色金属，2008（2）：92-95.

[144] 周瑜林，王毓华，胡岳华，等. 金属离子对一水硬铝石和高岭石浮选行为的影响[J]. 中南大学学报（自然科学版），2009（2）：268-274.

[145] 孙中溪，Forsling W'illis，陈荩. 金属离子在二氧化硅-水界面的络合反应及其对石英活化浮选的影响[J]. 中国有色金属学报，1992（2）：15-20.

[146] 福马西罗 D，王竞，张覃，等. Cu^{2+}和Ni^{2+}在石英、蛇纹石和绿泥石浮选中的活化作用[J]. 国外金属矿选矿，2006（10）：16-20.

[147] 银锐明，陈琳璋，侯清麟，等. 金属镁离子活化石英浮选的机理研究[J]. 功能材料，2013（15）：2193-2196.

[148] 周坤，张覃，唐云. Ca^{2+}和Mg^{2+}对石英浮选的影响研究[J]. 化工矿物与加工，2014（12）：12-15.

[149] 陈荩，陈万雄，孙中溪．金属离子活化石英的判据及规律[J]．金属矿山，1982(6)：
30-33，56.

[150] 陈琳璋，侯清麟，银锐明，等．钙离子影响十二烷基磺酸钠捕收石英的机理研究[J]．
湖南工业大学学报，2012(6)：8-12.

[151] 王进明，王毓华，余世磊，等．十二烷基硫酸钠对黄锑矿浮选行为的影响及作用机理
[J]．中南大学学报(自然科学版)，2013(10)：3955-3962.

[152] 卢佳，高惠民，金俊勋．金属离子对十二烷基磺酸钠浮选蓝晶石的影响[J]．金属矿
山，2015(2)：73-76.

[153] 胡岳华，王淀佐．金属离子在氧化物矿物/水界面的吸附及浮选活化机理[J]．中南矿
冶学院学报，1987(5)：501-508，590-591.

[154] 王淀佐，胡岳华．氢氧化物表面沉淀在石英浮选中的作用[J]．中南矿冶学院学报，
1990(3)：248-253.

[155] 张波，李解，张雪峰，等．Cu^{2+}，Fe^{3+}对萤石浮选的活化作用机制[J]．稀有金属，2016
(9)：963-968.

[156] 张国范，鄢代翠，朱阳戈，等．Ca^{2+}对钛铁矿与钛辉石浮选行为的影响[J]．中南大学
学报(自然科学版)，2011(3)：561-567.

[157] 张成强，黄俊玮．草酸抑制 Cu^{2+} 和 Ni^{2+} 离子对蛇纹石的活化作用研究[J]．矿业研究与
开发，2015(8)：34-38.

[158] 黄俊玮，张亚辉，张成强．EDTA 二钠去除 Cu^{2+} 和 Ni^{2+} 离子对蛇纹石的浮选活化作用
[J]．中国矿业，2016(1)：92-96.

[159] 贾木欣，孙传尧．几种硅酸盐矿物对金属离子吸附特性的研究[C]．北京理工大学出版
社，2003：259-260.

[160] 朱一民，肖友明．FXL-14 捕收黑钨细泥无 Pb^{2+} 浮选的电化学研究[J]．湖南有色金属，
1990(4)：13-15.

[161] 任慧．量子化学理论在现代化学中应用的研究[D]．北京：北京化工大学，2008.

[162] 罗秋良．半经验分子轨道理论及其应用[J]．化工矿山技术，1987(4)：35-36.

[163] 郦剑，张超，郑宏晔．计算材料学的现状与发展前景[J]．国外金属热处理，2000(3)：
1-2.

[164] 何桂春，蒋巍，项华妹，等．密度泛函理论及其在选矿中的应用[J]．有色金属科学与
工程，2014(2)：62-66.

[165] 邵绪新，郭梦熊，廖沐真．量子化学的基本原理及其在矿物工程中的应用[J]．矿冶工
程，1991(1)：36，67-70.

[166] Tossell J A, Gibbs G V. Molecular orbital studies of angular distortions resulting from
tetrahedral edge sharing in silicon oxides, sulfides and hydrides[J]. Chemischer Informations-
dienst, 1976, 35(2)：273-287.

[167] Chavant C, Daran J C, Jeannin Y, et al. Cheminform abstract：a study of the crystal and mo-
lecular structure of $BeCl_2(NCCH_3)_2$ by X-ray diffraction and Mo calculations[J]. Inorganica

Chimica Acta, 1975, 6(44): 281-290.

[168] 周泳. 量子化学方法在矿物表面研究中的应用[D]. 北京: 中国地质大学, 2006.

[169] Kusuma T S, Companion A L. An ehmo study of the interaction of CO molecules absorbed on a Ni(111) surface with neighboring CO molecules, H atoms and O atoms[J]. Surface Science, 1988, 195(1): 59-76.

[170] Marzouk H A, Arunkumar K A, Bradley E B. Normal unenhanced Raman spectra of CO and residual gas adsorbed on Ni(111)[J]. Surface Science, 1984, 147(2): 477-496.

[171] 罗秋良. 半经验分子轨道理论及其应用[J]. 化工矿物与加工, 1987(4): 37-38.

[172] Takahashi Katsuyuki, Wakamatsu Takahide. The role of amino acid on the xanthate adsorption at the water-mineral interface[J]. International Journal of Mineral Processing, 1984, 12(1): 127-143.

[173] Hanson J S, Barbaro M, Fuerstenau D W, et al. Interaction of glycine and a glycine-based polymer with xanthate in relation to the flotation of sulfide minerals[J]. International Journal of Mineral Processing, 1988, 23(1): 123-135.

[174] 胡显智. 羟(氧)肟酸(盐)及其与铜矿物吸附体系的量子化学研究[J]. 有色金属, 1997(4): 25-29.

[175] 董宏军, 陈荩. 蓝晶石类同质异相矿物浮选行为的量子化学研究[J]. 有色金属, 1995(3): 27-31.

[176] 李士达, 王建华. 选矿用量子化学 HMO 计算方法和电算程序[J]. 有色金属(选矿部分), 1987(5): 17, 21-26.

[177] 陈建华, 冯其明, 卢毅屏. 浮选药剂的量子化学研究[J]. 有色金属, 1999(1): 18-21.

[178] 张秀荣, 唐会帅, 杨星, 等. $Pt_nN^{0,\pm}$($n=1\sim5$)团簇结构与稳定性的理论研究[J]. 江苏科技大学学报(自然科学版), 2011, 25(1): 97-102.

[179] 张明伟, 何发钰. 前线分子轨道理论在选矿中的研究现状[J]. 有色金属(选矿部分), 2012(6): 53-55.

[180] 孙伟, 杨帆, 胡岳华, 等. 前线轨道在黄铜矿捕收剂开发中的应用[J]. 中国有色金属学报, 2009(8): 1524-1532.

[181] 陈建华, 梁梅莲, 蓝丽红. 偶氮类有机抑制剂对硫化矿的抑制性能[J]. 中国有色金属学报, 2010(11): 2239-2247.

[182] Ke B, Li Y, Chen J, et al. Dft study on the galvanic interaction between pyrite (100) and galena (100) surfaces[J]. Applied Surface Science, 2016, 367: 270-276.

[183] Ma X, Hu Y, Zhong H, et al. A novel surfactant S-benzoyl-n, n-diethyldithiocarbamate synthesis and its flotation performance to galena [J]. Applied Surface Science, 2016, 365: 342-351.

[184] Clare Brian W. Charge transfer complexes and frontier orbital energies in QSAR: a congeneric series of electron acceptors[J]. Journal of Molecular Structure: THEOCHEM, 1995, 337(2): 139-150.

［185］Yekeler Meftuni，Yekeler Hülya. A density functional study on the efficiencies of 2-mercapto-benzoxazole and its derivatives as chelating agents in flotation processes［J］. Colloids and Surfaces A：Physicochemical and Engineering Aspects，2006，286(1)：121-125.

［186］Liu Guangyi，Zhong Hong，Xia Liuyin，et al. Improving copper flotation recovery from a refractory copper porphyry ore by using ethoxycarbonyl thiourea as a collector［J］. Minerals Engineering，2011，24(8)：817-824.

［187］龙秋容. 复杂硫化矿物浮选有机抑制剂分子结构与性能及应用研究［D］. 南宁：广西大学，2009.

［188］杨刚，龙翔云. 巯基类浮选药剂电子结构及其与金属离子作用的量子化学研究［J］. 高等学校化学学报，2001，22(1)：86-90.

［189］He Guangzhi，Pan Gang，Zhang Meiyi. Studies on the reaction pathway of arsenate adsorption at water-TiO_2 interfaces using density functional theory［J］. Journal of Colloid and Interface Science，2011，364(2)：476-481.

［190］陈建华，冯其明，卢毅屏. 电化学调控浮选能带模型及应用（Ⅰ）①——半导体能带理论及模型［J］. 中国有色金属学报，2000(2)：240-244.

［191］王淀佐. 硫化矿浮选与矿浆电位［M］. 北京：高等教育出版社，2008：1.

［192］李宏煦，王淀佐. 硫化矿细菌浸出的半导体能带理论分析［J］. 有色金属，2004(3)：35-37，48.

［193］陈建华，冯其明，卢毅屏. 电化学调控浮选能带模型及应用（Ⅱ）——黄药与硫化矿物作用的能带模型［J］. 中国有色金属学报，2000(3)：426-429.

［194］陈建华，冯其明，卢毅屏. 电化学调控浮选能带模型及应用（Ⅲ）——有机抑制剂对硫化矿物能带结构的影响［J］. 中国有色金属学报，2000(4)：529-533.

［195］肖奇，邱冠周，胡岳华. 黄铁矿机械化学的计算模拟（Ⅰ）——晶格畸变与化学反应活性的关系［J］. 中国有色金属学报，2001，11(5)：900-905.

［196］Chen Ye，Chen Jianhua，Guo Jin. A DFT study on the effect of lattice impurities on the electronic structures and floatability of sphalerite［J］. Minerals Engineering，2010，23(14)：1120-1130.

［197］Rath S S，Sinha N，Sahoo H，et al. Molecular modeling studies of oleate adsorption on iron oxides［J］. Applied Surface Science，2014，295(4)：115-122.

［198］Chen J，Ke B，Lan L，et al. Dft and experimental studies of oxygen adsorption on galena surface bearing Ag，Mn，Bi and Cu impurities［J］. Minerals Engineering，2015，71：170-179.

［199］陈建华，王櫂，陈晔，等. 空位缺陷对方铅矿电子结构及浮选行为影响的密度泛函理论［J］. 中国有色金属学报，2010(9)：1815-1821.

［200］Chen Jianhua，Chen Ye. A first-principle study of the effect of vacancy defects and impurities on the adsorption of O_2 on sphalerite surfaces［J］. Colloids and Surfaces A：Physicochemical and Engineering Aspects，2010，363(1)：56-63.

［201］陈晔，陈建华，郭进. 天然杂质对闪锌矿电子结构和半导体性质的影响［J］. 物理化学

学报, 2010(10): 2851-2856.

[202] Li Yuqiong, Chen Jianhua, Chen Ye, et al. Density functional theory study of influence of impurity on electronic properties and reactivity of pyrite[J]. Transactions of Nonferrous Metals Society of China, 2011, 21(8): 1887-1895.

[203] 陈建华, 王进明, 龙贤灏, 等. 硫化铜矿物电子结构的第一性原理研究[J]. 中南大学学报(自然科学版), 2011(12): 3612-3617.

[204] Chen J, Long X, Chen Y. Comparison of multilayer water adsorption on the hydrophobic galena (PbS) and hydrophilic pyrite (FeS$_2$) surfaces: A DFT Study[J]. Journal of Physical Chemistry C, 2014, 118(22): 11657.

[205] 张英, 王毓华, 胡岳华, 等. 白钨矿与萤石、方解石电子结构的第一性原理研究[J]. 稀有金属, 2014(6): 1106-1113.

[206] 吴桂叶, 朱阳戈, 闫志刚, 等. 菱镁矿与石英浮选分离的第一性原理研究[J]. 矿冶, 2015(2): 11-14.

[207] Li H, Kang T, Zhang B, et al. Influence of interlayer cations on structural properties of montmorillonites: a dispersion-corrected density functional theory study[J]. Computational Materials Science, 2016, 117: 33-39.

[208] 蓝丽红, 陈建华, 李玉琼, 等. 空位缺陷对氧分子在方铅矿(100) 表面吸附的影响[J]. 中国有色金属学报, 2012(9): 2626-2635.

[209] Oliveira Cláudio-de, Duarte Hélio-Anderson. Disulphide and metal sulphide formation on the reconstructed (001) surface of chalcopyrite: A DFT study[J]. Applied Surface Science, 2010, 257(4): 1319-1324.

[210] 韩永华, 刘文礼, 陈建华, 等. 羟基钙在高岭石两种(001) 晶面的吸附机理[J]. 煤炭学报, 2016(3): 743-750.

[211] 冯其明, 陈远道, 卢毅屏, 等. 一水硬铝石(α-AlOOH) 及其(010) 表面的密度泛函研究[J]. 中国有色金属学报, 2004(4): 670-675.

[212] 谭鑫, 何发钰, 钱志博, 等. 锡石表面电子结构及羟基化第一性原理计算[J]. 金属矿山, 2016(5): 52-56.

[213] 谭鑫, 何发钰, 谢宇. 钨锰矿(010) 表面电子结构及性质第一性原理计算[J]. 金属矿山, 2015(6): 52-58.

[214] Qiu X Y, Huang H W, Gao Y D. Effects of surface properties of (010), (001) and (100) of MnWO$_4$ and FeWO$_4$ on absorption of collector[J]. Applied Surface Science, 2016, 367: 354-361.

[215] Matthew C F Wander, Aurora E Clark. Hydration properties of aqueous Pb(II) ion[J]. Inorganic Chemistry, 2008, 47(18): 41-8233.

[216] Kaupp, Martin, Schleyer, et al. Ab initio study of structures and stabilities of substituted lead compounds. Why is inorganic lead chemistry dominated by Pb II but organolead chemistry by Pb IV[J]. Journal of the American Chemical Society, 1993, 115(3): 1061-1073.

[217] Wang J, Xia S, Yu L. Adsorption of Pb(ii) on the kaolinite(0 0 1) surface in aqueous system: a DFT approach[J]. Applied Surface Science, 2015, 339(1): 28-35.

[218] Ingmar Persson, Krzysztof Lyczko, Daniel Lundberg, et al. Coordination chemistry study of hydrated and solvated lead(Ⅱ) ions in solution and solid state[J]. Inorganic chemistry, 2011, 50(3): 72-1058.

[219] Swift T J, Sayre W G. Determination of hydration numbers of cations in aqueous solution by means of proton nmr[J]. Journal of Chemical Physics, 2004, 44(9): 3567-3574.

[220] Burda Jaroslav V, Pavelka Matěj, Šimánek Milan. Theoretical model of copper Cu(Ⅰ)/Cu (Ⅱ) hydration. DFT and ab initio quantum chemical study[J]. Journal of Molecular Structure: THEOCHEM, 2004, 683(1): 183-193.

[221] Guimarães L, Abreu H A D, Duarte H A. Fe(ii) hydrolysis in aqueous solution: a Dft study [J]. Chemical Physics, 2007, 333(1): 10-17.

[222] Liu J, Wen S, Chen X, et al. DFT computation of Cu adsorption on the S atoms of sphalerite (110) surface[J]. Minerals Engineering, 2013, 46-47: 1-5.

[223] Liu J, Wen S, Deng J, et al. Dft study of ethyl xanthate interaction with sphalerite (1 1 0) surface in the absence and presence of copper[J]. Applied Surface Science, 2014, 311(311): 258-263.

[224] Peng Chenliang, Min Fanfei, Liu Lingyun, et al. A periodic DFT study of adsorption of water on sodium-montmorillonite (001) basal and (010) edge surface [J]. Applied Surface Science, 2016.

[225] Liu Guangyi, Zeng Hongbo, Lu Qingye, et al. Adsorption of mercaptobenzohetero cyclic compounds on sulfide mineral surfaces: A density functional theory study of structure-reactivity relations[J]. Colloids and Surfaces A: Physicochemical and Engineering Aspects, 2012, 409: 1-9.

[226] Liu Guangyi, Xiao Jingjing, Zhou Diwen, et al. A DFT study on the structure-reactivity relationship of thiophosphorus acids as flotation collectors with sulfide minerals: Implication of surface adsorption [J]. Colloids and Surfaces A: Physicochemical and Engineering Aspects, 2013, 434: 243-252.

[227] Zhao G, Zhong H, Wang S, et al. The DFT study of cyclohexyl hydroxamic acid as a collector in scheelite flotation[J]. Minerals Engineering, 2013, 49: 54-60.

[228] Huang Z, Zhong H, Wang S, et al. Gemini Trisiloxane Surfactant: Synthesis and Flotation of Aluminosilicate Minerals[J]. Minerals Engineering, 2014, 56(1): 145.

[229] Deng J, Lei Y, Wen S, et al. Modeling interactions between ethyl xanthate and Cu/Fe ions using DFT/B3lyp approach[J]. International Journal of Mineral Processing, 2015, 140: 43-49.

[230] Han Yonghua, Liu Wenli, Chen Jianhua. DFT simulation of the adsorption of sodium silicate species on kaolinite surfaces[J]. Applied Surface Science, 2016.

[231] Long Xianhao, Chen Jianhua, Chen Ye. Adsorption of ethyl xanthate on ZnS(110) surface in

the presence of water molecules: A DFT study[J]. Applied Surface Science, 2016.

[232] 张行荣, 郑桂兵, 艾晶, 等. 赤铁矿反浮选淀粉抑制作用第一性原理[J]. 中国有色金属学报, 2016(2): 465-470.

[233] Macavei J, Schulz H. The crystal structure of wolframite type tungstates at high pressure[J]. Zeitschrift Für Kristallographie - Crystalline Materials, 2015, 207(Part-2): 193-208.

[234] Ciddresdner H, Escobar C. The crystal structure of ferberite, $FeWO_4$[J]. Zeitschrift Für Kristallographie-Crystalline Materials, 1968, 127(1): 61-72.

[235] Lautenschläger G, Weitzel H, Vogt T, et al. Magnetic phase transitions of $MnWO_4$ studied by the use of neutron diffraction[J]. Phys. rev. b, 1993, 48(9): 6087.

[236] Shanavas K V, Choudhury D, Dasgupta I, et al. Origin of ferroelectric polarization in spiral magnetic structure of $MnwO_4$[J]. Phys. rev. b, 2010, 81(21): 145-173.

[237] Noodleman L, Case D A. Density-functional theory of spin polarization and spin coupling in iron—sulfur clusters[J]. Advances in Inorganic Chemistry, 1992, 38(8): 423-458.

[238] Ejima T, Banse T, Takatsuka H, et al. Microscopic optical and photoelectron measurements of MWO_4($M = Mn$, Fe, and Ni)[J]. Journal of Luminescence, 2006, 119(7): 59-63.

[239] Dissanayake M A K L, Ileperuma O A, Dharmasena P A G D. A. C. Conductivity of $MnWO_4$[J]. Journal of Physics & Chemistry of Solids, 1989, 50(4): 359-361.

[240] Kuzmin A, Purans J. Local atomic and electronic structure of tungsten ions in AWO_4 crystals of scheelite and wolframite types[J]. Radiation Measurements, 2001, 33(5): 583-586.

[241] Hadidi K, Hancke R, Norby T, et al. Atomistic study of $LaNbO_4$: surface properties and hydrogen adsorption[J]. International Journal of Hydrogen Energy, 2012, 37(8): 6674-6685.

[242] Yang Z, Woo T K, Baudin M, et al. Atomic and electronic structure of unreduced and reduced CeO_2 surfaces: a first-principles study[J]. Journal of Chemical Physics, 2004, 120(16): 9-7741.

[243] Pang Q, Zhang J M, Xu K W, et al. Structural, electronic properties and stability of the $(1 \times 1)PbTiO_3(1\ 1\ 1)$ polar surfaces by first-principles calculations[J]. Applied Surface Science, 2009, 255(18): 8145-8152.

[244] Mastrikov Yu A, Heifets E, Kotomin E A, et al. Atomic, electronic and thermodynamic properties of cubic and orthorhombic $LaMnO_3$ surfaces[J]. Surface Science, 2009, 603(2): 326-335.

[245] Bottin F, Finocchi F, Noguera C. Stability and electronic structure of the $(1×1)$ $SrTiO_3(110)$ polar surfaces by first-principles calculations[J]. Phys. rev. b, 2003, 68(3): 35418.

[246] Wang F, Li K, Zhou N G. Structural, electronic properties and stability of $AlCMn_3(1\ 1\ 1)$ surfaces by first-principles calculations[J]. Applied Surface Science, 2014, 289(2): 351-357.

[247] Sholl D S, Steckel J A. Density functional theory/a practical introduction[J]. Office of Scientific & Technical Information Technical Reports, 2009.

[248] Cui J, Liu W. First-principles study of the (001) surface of cubic BiAlO$_3$[J]. Physica B Condensed Matter, 2010, 405(22): 4687-4690.

[249] Ho J, Heifets E, Merinov B. Ab initio simulation of the BaZrO$_3$(0 0 1) surface structure[J]. Surface Science, 2007, 601(2): 490-497.

[250] 白云. 钢渣-硅酸盐水泥界面形成的热力学探讨[J]. 建筑节能, 1991(3): 12-16.

[251] 简玮, 林冰, 黄琳, 等. 薄膜材料中的界面热力学[J]. 材料科学研究 (中英文版), 2013(4): 58-68.

[252] 李为, 詹肇麟, 李松. 破碎理论发展浅析[J]. 矿山机械, 2008(19): 96-98.

[253] 段希祥. 破碎与磨矿 [M]. 2 版. 北京: 冶金工业出版社, 2006.

[254] James R O, Healy T W. Adsorption of hydrolyzable metal ions at the oxide—water interface. Iii. a thermodynamic model of adsorption[J]. Journal of Colloid & Interface Science, 1972, 40(1): 65-81.

[255] James R O, Healy T W. Adsorption of hydrolyzable metal ions at the oxide—water interface. Ii. charge reversal of SiO$_2$ and TiO$_2$ colloids by adsorbed Co(ii), La(iii), and Th(iv) as model systems[J]. Journal of Colloid & Interface Science, 1972, 40(1): 53-64.

[256] Gourlaouen C, Gérard H, Piquemal J P, et al. Understanding lead chemistry from topological insights: the transition between holo- and hemidirected structures within the $[Pb(CO)_n]^{2+}$ model series[J]. Chemistry (weinheim an Der Bergstrasse, Germany), 2008, 14(9): 2730.

[257] Julide H, Resat A, Hoell W H. Modeling competitive adsorption of copper(ii), lead(ii), and cadmium(ii) by kaolinite-based clay mineral/humic acid system[J]. Environmental Progress & Sustainable Energy, 2010, 28(4): 493-506.

[258] Gourlaouen C, Gérard H, Parisel O. Exploring the hydration of Pb^{2+}: ab initio studies and first-principles molecular dynamics[J]. Chemistry, 2006, 12(19): 32-5024.

[259] Bhattacharjee A, Hofer T S, Pribil A B, et al. Revisiting the hydration of Pb(ii): a qmcf md approach[J]. Journal of Physical Chemistry B, 2009, 113(39): 13-13007.

[260] Walsh A, Watson G W. The origin of the stereochemically active Pb(ii) lone pair: Dft calculations on Pbo and Pbs[J]. Journal of Solid State Chemistry, 2005, 178(5): 1422-1428.

[261] Bargar J R, Jr G E B, Parks G A. Surface complexation of Pb(ii) at oxide-water interfaces: I. Xafs and Bond-valence determination of mononuclear and polynuclear Pb(ii) sorption products on aluminum oxides [J]. Geochimica Et Cosmochimica Acta, 1997, 61(13): 2617-2637.

[262] A. a. jarzęcki †, A. d. anbar ‡A, T. g. spiro †. Dft analysis of Fe(H$_2$O)$_6^{3+}$ and Fe(H$_2$O)$_6^{2+}$ structure and vibrations: implications for isotope fractionation[J]. Cheminform, 2004, 108(14): 33-39.

[263] Montgomery H, Morosin B, Natt J J, et al. The crystal structure of tutton's salts. Vi. vanadium (ii), iron(ii) and cobalt(ii) ammonium sulfate hexahydrates[J]. Acta Crystallographica, 1967, 22(6): 775.

［264］ Cotton F A, Daniels L M, Murillo C A, et al. Hexaaqua dipositive ions of the first transition series: new and accurate structures; expected and unexpected trends［J］. Inorganic Chemistry, 1993, 32(22): 4861-4867.

［265］ Fouqueau A, Casida M E, Lawson daku L M, et al. Comparison of density functionals for energy and structural differences between the high- $\left[{}^{5}T_{2g}:(t_{2g})^{4}(e_{g})^{2}\right]$ and Low- $\left[{}^{1}A_{1g}:(t_{2g})^{6}(e_{g})^{0}\right]$ spin states of iron(ii) coordination compounds. Ii. more functionals and the hexaminoferrous cation, $\left[Fe(NH_{3})_{6}\right]^{2+}$［J］. Journal of Chemical Physics, 2005, 122(4): 44110.

［266］ Do J, Wang X, Jacobson A J. Hydrothermal synthesis and structures of two tetramethylammonium iron molybdates $(TMA)_{2}FeMo_{6}O_{20}$ and $\left[TMA\right]_{2}\left[Fe(H_{2}O)_{6}\right]Mo_{8}O_{26}$［J］. Journal of Solid State Chemistry, 1999, 143(1): 77.

［267］ Li J, Fisher C L, Chen J L, et al. Calculation of redox potentials and pka values of hydrated transition metal cations by a combined density functional and continuum dielectric theory［J］. Inorganic Chemistry, 1996, 35(16): 4694-4702.

［268］ And D H, Loew G H, Komornicki A. Structure and relative spin-state energetics of $\left[Fe(H_{2}O)_{6}\right]^{3+}$: a comparison of uhf, møller-bplesset, nonlocal Dft, and semiempircal indo/s calculations［J］. Journal of Physical Chemistry a, 1997, 101(21): 3959-3965.

［269］ De abreu H A, Guimarães L, Duarte H A. Density-functional theory study of iron(iii) hydrolysis in aqueous solution［J］. Journal of Physical Chemistry a, 2006, 110(24): 8-7713.

［270］ Bernd kallies †A, Roland meier‡. Electronic structure of 3d $\left[M(H_{2}O)_{6}\right]^{3+}$ ions from Sc(iii) to Fe(iii): a quantum mechanical study based on DFT computations and natural bond orbital analyses［J］. Inorganic Chemistry, 2001, 40(13): 12-3101.

［271］ Sami amira †, Daniel spångberg †, Michael probst ‡A, et al. Molecular dynamics simulation of $Fe^{2+}_{(aq)}$ and $Fe^{3+}_{(aq)}$［J］. Journal of Physical Chemistry B, 2004, 108(1): 496-502.

［272］ Stone J A, Vukomanovic D. Experiment proves that the Ions $\left[Cu(H_{2}O)_{n}\right]^{2+}$ ($n=1, 2$) are stable in the Gas Phase［J］. Chemical Physics Letters, 2001, 346(5): 419-422.

［273］ Duin A C T V, Bryantsev V S, Diallo M S, et al. Development and validation of a reaxff reactive force field for Cu-cation/water interactions and copper metal/metal oxide/metal hydroxide condensed phases［J］. Journal of Physical Chemistry a, 2010, 114(35): 14-9507.

［274］ 高玉德. 黑钨细泥浮选中抑制剂的研究［J］. 中国钨业, 1996(11): 4-6.

［275］ 刘龙飞. 黑钨细泥重-浮联合工艺试验研究［D］. 赣州: 江西理工大学, 2012.

［276］ 王淀佐, 胡岳华. 浮选溶液化学［M］. 长沙: 湖南科学技术出版社, 1988.